BRIGITTE EILERT-OVERBECK

mein
Kätzchen

INHALT

Willkommen kleine Mieze

Gesunde Ernährung

5 Gut gepflegt und kerngesund

6 Fördern, spielen und erziehen

Eine besondere Beziehung

Was tun, wenn es Probleme gibt?

Anhang

*Mit Poster: So geht's
mir rundum gut!*

Typisch Katze

Tapsiges Kätzchen oder geheimnisvolle Schönheit – Katzen faszinieren uns Menschen seit Jahrtausenden. Und sie haben auch eine Schwäche für uns Zweibeiner. Dafür gibt es gute Gründe.

Was alle Katzen gemeinsam haben

Wovon träumt wohl ein Kätzchen? Als Mitglied der Raubtierfamilie Felidae vielleicht von künftigen Jagderfolgen. Oder doch eher von einer liebevollen »Superkatze«, bei der es immer sorgloses Katzenkind sein darf? Das sind keine unerfüllbaren Träume ...

RÄTSELHAFT, UNERGRÜNDLICH, geheimnisvoll – unser vertrauter Stubentiger wird oft beschrieben wie ein Wesen aus einer anderen Welt. Ganz falsch ist das nicht, denn als Jäger und Beutegreifer leben unsere Samtpfoten gewissermaßen in einem Paralleluniversum. Hier gelten die Gesetze von Kampf und Flucht, von Konkurrenz und Selbstbehauptung, von (Über)Leben und Tod. Eine raue Welt, die unsere Hausgenossen von ihren wilden Vorfahren geerbt haben, den Falbkatzen aus Nahost.

Partner Mensch

Doch die Vorfahren haben den Katzen noch etwas anderes vererbt: die Faszination für unsere Welt. Längst hat sich die Katze ihren Platz darin erobert und ist zum perfekten Haustier geworden. Das menschliche Heim bedeutet ihr mehr als jedem anderen Tier. Hier fühlt sie sich beschützt und geborgen, hier ist sie unbestrittene Revierherrin, hier darf sie sich sicher fühlen wie ein Kätzchen in seiner Kinderstube. Ein wieder gefundenes Katzenparadies! Ohne den Menschen freilich wäre es für die Vierbeiner nur halb so attraktiv. Hat die Samtpfote erst einmal Freundschaft mit ihm ge-

schlossen, wird er für sie zum wichtigsten Partner. Er spendet Wärme, Zuwendung und Nahrung und mausert sich so zur »Superkatze«: ein Gefährte, der zwar als Artgenosse angesehen wird, aber nicht als Nahrungskonkurrent oder Rivale beim anderen Geschlecht – eher eine Art Mutterfigur. Kurzum: Bei ihrem Menschen darf die Katze Kind sein, ganz gleich, ob sie erst ein paar Wochen alt ist oder schon viele Lebensjahre auf dem Katzenbuckel hat.

Bis sich dieses ganz besondere Verhältnis gefestigt hat, mussten Mensch und Katze allerdings eine lange Wegstrecke gemeinsam zurücklegen.

Zwischen Mensch und Katze kann sich eine wunderbare Freundschaft entwickeln. Begegnungen auf Augenhöhe machen dem kleinen Tiger die Annäherung ein ganzes Stück leichter.

MEIN HEIMTIER

Wie neugierig ist mein Kätzchen?

Selbstverständlich ist Ihr Kätzchen neugierig, andernfalls müssten Sie sich Sorgen um seine Gesundheit machen. Mit diesem Test finden Sie heraus, was Ihre Katze interessiert, womit sie sich gern beschäftigt und wo Sie vielleicht vorsichtig sein müssen.

Der Test beginnt:

○ Untersucht Ihr Kätzchen sofort sämtliche Taschen, wenn Sie Einkäufe nach Hause bringen?
○ Was passiert, wenn Sie die Schublade einer Kommode oder den Kleiderschrank öffnen? Schlüpft es nach Möglichkeit gleich hinein?
○ »Hilft« Ihnen Ihr Kätzchen bei der Hausarbeit – z. B. beim Bettenbeziehen?
○ Wie häufig treffen Sie es auf einem Fensterplatz an?

Mein Testergebnis:

Wie alles begann – die Geschichte der Hauskatze

Ägypten? Sudan? Oder vielleicht Kleinasien? Bis vor Kurzem war es noch ein Rätsel, wo die wilde Falbkatze, Mutter aller Stubentiger, endgültig zum Haustier wurde. Wissenschaftler der US-Universität Oxford haben es durch Erbgutuntersuchungen an rund 1000 Katzen aus allen fünf Erdteilen herausgefunden: Die »Wiege« der Hauskatze stand in dem Landstrich, der auch als Wiege der menschlichen Zivilisation gilt, im sogenannten Fruchtbaren Halbmond. Gleich fünf mütterliche Abstammungslinien stellten die Forscher in jenem Gebiet fest, das sich sichelförmig vom Niltal über die Ostküste des Mittelmeers bis zum Persischen Golf zieht. Fünf »Urmütter« aus dem Nahen Osten sind also die Vorfahren unserer Hauskatzen.

Der Beute auf den Fersen

Vor gut 10 000 Jahren ging es im Fruchtbaren Halbmond los mit Häuserbau, Landwirtschaft und Vorratshaltung. Ganze Heerscharen von Mäusen folgten daraufhin der Verlockung der Getreidespeicher. Die Nager wiederum lockten die Falbkatzen der Umgebung an. Nicht alle, aber eine ganze Menge von ihnen überwand ihre Scheu vor der Nähe des Menschen und verlegte ihre Jagdgründe in dessen Siedlungen. Das brachte ihnen fette Beute ein – und Wertschätzung bei den Bauern. Nach und nach richteten die kleinen Jäger auch ihre Kinderstuben in Menschennähe ein. Die Kätzchen – damals ebenso unwiderstehlich wie heute – eroberten vor allem die Frauenherzen und wurden durch frühen Kontakt als »Menschenfreunde« geprägt. Es ging zwar nicht von heute auf morgen, aber Katzenzeichnungen aus ägyptischen Grabkammern beweisen: Spätestens vor 3500 Jahren ist aus dem Wildtier ein echtes Haustier geworden. Um diese Zeit züchteten die Ägypter bereits fleißig Katzen und verhängten ein strenges Ausfuhrverbot ihrer Mausefänger.

Samtpfotige Seefahrer

Viel hat es nicht genutzt. Per Schiff fand ausgerechnet die wasserscheue Katze Verbreitung in der ganzen Welt – zuerst als Schmuggelgut der Phönizier, die sie nach Italien, Gallien, Britannien und Griechenland brachten, später auf den Kriegs- und Handelsschiffen der Römer, auf denen sie nach Mitteleuropa gelangte. Bald gingen, um das Frachtgut vor Mäusen und Ratten zu schützen, kaum noch Schiffe ohne Katzen auf die Reise. Wo auch immer die unfreiwilligen Seefahrer schließlich landeten – sie verstanden es, sich rasch ihrer Umgebung anzupassen (→ Seite 23).

Himmel und Hölle

Heilig war die Katze im alten Ägypten – wie viele Tiere, darunter Falke, Hund und Kuh. Ra, der Sonnengott, nahm Katzengestalt an, wenn er die Schlange der Finsternis bekämpfte. Die Mondgöttin Bastet, zuständig für Liebe, Fruchtbarkeit und Wohlstand, wurde als Frau mit Katzenkopf dargestellt; Katzen tummelten sich in ihren Tempeln. Auch im asiatischen Raum genossen die Samtpfoten höhere Weihen als heilige Tiere, und selbst im Abendland traten sie im Gefolge von Göttinnen auf – etwa der altrömischen Mond- und Jagdgöttin Diana oder der germanischen Liebes- und Fruchtbarkeitsgöttin Freya. Sogar die Muttergottes liebte Legenden zufolge die Samtpfoten und hatte ihnen deshalb ein »M« (für Maria) auf die Stirn gemalt. Lange waren sie in Klöstern gern gesehene Mitbewohner – nicht nur, weil sie Mäuse von den Vorräten fernhielten. Als jedoch im späten Mittelalter die Inquisition ihre Scheiterhaufen für sogenannte Ketzer, Hexen und andere freie Geister errichtete, diffamierten fanatische Glaubenshüter Katzen als Teufelsbrut. Jahrhundertelang wurden die Tiere mit dem Segen von Kirche und Justiz verfolgt, gequält, auf alle erdenklichen Arten zu

Da kann auch ein neugieriges Kätzchen nur staunen: Statue der altägyptischen Katzengöttin Bastet.

▶ **1** **Jagdpause** Der Leopard hat sich auf einen Baum zurückgezogen und verschmilzt förmlich mit seiner Umgebung. Fast unsichtbar zu sein ist oft schon der halbe Jagderfolg.

▶ **2** **Perfekt getarnt** Auch die Falbkatze ist bestens an ihre Umgebung angepasst. Ihre Vorfahren aus dem Nahen Osten sind die Stammeltern aller Hauskatzen in der ganzen Welt.

▶ **3** **Heimischer »Tiger«** Ebenfalls hervorragend getarnt und unauffällig ist unsere heimische, scheue Wildkatze. Sie lebt vor allem in den Waldgebieten der Mittelgebirge.

Tode gebracht und schließlich in Europa nahezu ausgerottet. Erst als sich im 18. Jahrhundert die Werte der Aufklärung durchsetzten, endete der grausame Wahn. Seither stieg die Katze stetig im Ansehen. Nachdem Louis Pasteur die immense Bedeutung der Hygiene entdeckt hatte, wurde sie dank ihrer Reinlichkeit sogar zum Vorbild erklärt. Im 19. Jahrhundert begann zudem die gezielte Zucht von Rassekatzen. Heute sind die Stubentiger weltweit die beliebtesten Haustiere. Und wenn zur Liebe auch Verständnis kommt, ist eine glückliche Beziehung garantiert.

Die wilde Verwandtschaft

Sicher kennen Sie das: So mancher ist besser zu verstehen, wenn man seinen familiären Hintergrund kennt. Auch unser Stubentiger. Er gehört zur ruhmreichen Raubtier-Großfamilie Felidae (Katzenartige). Sie umfasst – aufgeteilt in Kleinkatzen, Großkatzen und Geparde – immerhin 38 Arten. Darunter sind Schwergewichte wie Löwe, Tiger und

Leopard, ausdrucksvolle Schönheiten wie Serval, Bengalkatze und Ozelot, unsere heimische Wildkatze, der mächtige Puma (der zu den Kleinkatzen gehört) und die winzige Schwarzfußkatze.

Unverkennbar Katze

All diese Arten sind auf den ersten Blick als Katzen zu erkennen, weil sie schon rein äußerlich eine ganze Menge gemeinsam haben:

▶ einen geschmeidigen, wendigen Körper mit dichtem, relativ kurzem Fell – dem idealen »Jagdoverall«;

▶ einen rundlichen oder keilförmigen Kopf mit kurzer Schnauze und typischem Raubtiergebiss;

▶ große, nach vorn gerichtete Augen mit reflektierender Schicht hinter der Netzhaut als Restlichtverstärker bei schlechten Lichtverhältnissen;

▶ bewegliche Ohrmuscheln zum Orten unterschiedlicher Geräuschquellen;

▶ Pfoten mit starkem Sohlenpolster und versenkbaren Krallen zur lautlosen Fortbewegung – nur beim Re-

kordsprinter Gepard bleiben die Krallen auch in Ruhestellung ausgefahren;

▸ geringe sichtbare Unterschiede zwischen Männchen und Weibchen; Ausnahme: König Leos Prachtmähne;

▸ ähnliche Kommunikationsformen durch Lautsprache, Körpersprache und Duftsignale.

Jeder jagt für sich allein

Ob klein oder groß: Geborene Jäger sind alle Katzen. Kein Wunder, dass dieser Trieb auch in unseren Stubentigern tief verankert ist. Von Löwen abgesehen, jagen Katzen meist allein. Ihre Technik unterscheidet sich dabei kaum: Sie belauern ihre Beute aus dem Hinterhalt, schleichen sich an, warten geduldig die günstigste Gelegenheit ab, um dann blitzschnell zuzuschlagen und das Beutetier mit einem gezielten Nackenbiss zu erlegen. Nur der Gepard liefert sich auf den letzten 50 bis 100 m ein Wettrennen mit der ausgespähten Beute. In vollem Lauf kann er selbst die flinke Gazelle erwischen und überwältigen.

Die meisten Katzen führen in ihren Revieren ein Single-Dasein und kommen mit dem anderen Geschlecht nur zur Paarungszeit in Kontakt – dann allerdings mit Macht. Den Nachwuchs ziehen die Mütter überwiegend allein auf. Die im Verhältnis sehr großen Streifgebiete der Männchen überschneiden sich mit den kleineren Revieren der Weibchen, sodass die Weitergabe der Gene bestmöglich gesichert ist. Kein Wunder, dass

TIPP

Kleine »Sprachübung«

Katzen und ihre wilden Verwandten lassen die gleichen Signale sprechen. Sie können es beim Zoobesuch an jedem Raubkatzengehege testen, wenn eines der Tiere in Ihre Richtung schaut: Schließen Sie langsam die Augen – wahrscheinlich wird Ihr Blinzeln erwidert. Unter Katzen ist das der Austausch eines freundlichen Lächelns.

Eine Katzenmama ist nahezu rund um die Uhr mit ihrem Nachwuchs beschäftigt.

weibliche Katzen ihr Revier viel heftiger gegen Eindringlinge verteidigen als Kater – schließlich müssen sie bei begrenzten Ressourcen ihre Jungen versorgen und beschützen. Auf unsere Stubentiger hat sich das wohl vererbt: Die Kater zeigen sich Neuzugängen gegenüber in aller Regel toleranter als Kätzinnen.

Gesellige Einzelgänger

Wie es in der Katzenwelt überhaupt mit der Gesellligkeit aussieht, zeigt uns ebenfalls der Blick auf die wilde Verwandtschaft: Löwen leben in wohl organisierten Rudeln, Geparde, besonders männliche, bilden häufig lockere Gruppen. Von Tigern sind kurze nächtliche Treffen nach dem Motto »Hallo und tschüss!« bekannt, außerdem halten die Großkatzen über weite Strecken Rufkontakt. Vater Rotluchs hilft zumindest zeitweise bei der Aufzucht seiner Jungen, Tiger-

und Leopardenväter wurden beim Spiel mit dem Nachwuchs beobachtet. Die Katze ist also offenbar keineswegs notorisch ungesellig. Und für die gesamte Familie Felidae gilt: Kätzchen brauchen außer der Mama auch die Gesellschaft ihrer Geschwister, um für das Leben zu lernen und zu trainieren.

Rasante Fortschritte – die Entwicklungsphasen

Wenn ein Kätzchen auf die Welt kommt, ist es blind, fast taub und völlig hilflos. Doch Sinne, Körper und Fähigkeiten der kleinen Samtpfote entwickeln sich rasant. Ein paar Beispiele: Mit zwei Wochen kann ein Kätzchen bereits die Krallen einziehen, mit drei Wochen bekommt es die ersten Milchzähne und erkundet seine Umgebung nicht mehr nur mit Tast- und Geruchssinn, sondern zunehmend mit den Augen. Eine Woche später kann es perfekt hören und probiert schon einmal festes Futter. Mit fünf Wochen beginnt es zu spielen (am liebsten mit Mutters Schwanz). Mit sechs Wochen klettert, springt und wuselt es überall herum, putzt sich selbst das Fell, benutzt die Katzentoilette und hat nun ein vollständiges Milchgebiss.

Von Tag zu Tag wird das Katzenkind geschickter und trainiert unermüdlich seine Fähigkeiten im Spiel mit Mutter und Geschwistern. Mit acht Wochen ist es von der Muttermilch entwöhnt, aber noch lange nicht selbstständig: Im Familienverband übt es spielerisch alle Verhaltensweisen erwachsener Katzen ein – von der freundlichen Begrüßung bis zum heftigen Zoff. Kommt ein Kätzchen mit 12 bis 16 Wochen in seine neue Menschenfamilie, hat es die allerersten bleibenden Zähne, sieht scharf

Entwicklungsphasen
auf einen Blick

◀ Nach wenigen Tagen

Neugeborene Katzenkinder sind blind, fast taub und völlig auf die Mutter angewiesen. Doch schon bei der Geburt verfügen sie über einen ausgeprägten Geruchs- und Tastsinn. So finden sie sofort den Weg zu Mutters Zitzen.

Nach sechs Wochen ▶

Das Kätzchen kann selbstständig fressen, auf die Toilette gehen und sich putzen. Jeden Tag wird es unternehmungslustiger und neugieriger – höchste Zeit, Gefahrenquellen im Haus zu beseitigen.

Nach drei Wochen

Hör- und Sehvermögen haben sich verfeinert, die sensible Phase setzt ein. Weil die Kätzchen ihre Körpertemperatur nicht stabil halten können, brauchen sie den Platz im Nest und die Körperwärme ihrer Mutter und Geschwister.

◀ Ab acht Wochen ▶

Die Kleinen üben im Spiel miteinander oder mit Gegenständen alle Verhaltensweisen erwachsener Katzen ein. Mit etwa zwölf Wochen endet die »Lehrzeit« bei Mama. Die Sehschärfe ist wie alle anderen Sinne voll ausgeprägt.

Der geschmeidige Körper, die hellwachen Sinne und
ein paar schlaue Extras machen Katzen zu perfekten
Jägern – auch unsere Schmusekätzchen.

wie der sprichwörtliche Adler, hört wie ein Luchs und bewegt sich wie ein Zirkusartist. Und es weiß nun schon (fast) alles, was eine Katze wissen muss.

Auf die Prägung kommt es an

Wie gut es in seinem neuen Heim zurechtkommt, hängt stark von der sogenannten sensiblen Phase ab. Diese liegt zwischen der zweiten und dem Ende der siebten Lebenswoche. Hat das Kätzchen in dieser Zeit positive Erfahrungen mit seiner Umwelt gemacht, erkundet es sein neues Umfeld bei Ihnen zu Hause mit Zutrauen und Selbstvertrauen. Auch für das Verhältnis zum Menschen werden in dieser wichtigen Prägephase die Weichen gestellt: Ein Kätzchen, das während seiner ersten Lebenswochen angenehme Streichel-, Spiel- und Schmusekontakte erfahren hat, verlässt seine Kinderstube in aller Regel als liebevoller »Menschenfreund«.

Sturm und Drang

Mit etwa einem halben Jahr ist der Zahnwechsel abgeschlossen. Wenige Wochen später taucht ein Problem auf: Kater setzen penetrante Duftmarken ab, Kätzinnen wälzen sich auf dem Boden und gurren in höchsten und tiefsten Tönen. Beide Geschlechter wollen mit aller Macht Sex. Höchste Zeit, mit dem Tierarzt einen Termin zur Kastration zu vereinbaren – sonst gibt es Nachwuchs, obwohl die Katzeenies zum Kinderkriegen oder -zeugen eindeutig zu jung sind. Körperlich voll entwickelt ist eine Kätzin frühestens mit einem bis ein-einhalb Jahren, während Kater dazu ein paar Monate länger brauchen.

Kätzchens Mitgift – die perfekte Jagdausstattung

Akrobaten und Athleten haben allen Grund zum Neid. Was sie nur mit viel Schweiß und jahrelangem Training erreichen, ist unseren Katzen bereits in die Wiege gelegt: eine unvergleichliche Körperbeherrschung und Beweglichkeit.
Skelett: Ein sehr leicht gebautes, aber stabiles Knochengerüst, ein superelastisches Rückgrat und gut 500 frei bewegliche Muskeln spielen im Körper der Katze perfekt zusammen. Über 50 Wirbel erlauben dem Tier, sich nach Herzenslust zu räkeln, zu dehnen und zu strecken oder aber sich ganz klein zusammenzurollen. Dank ihrer besonders beweglichen Halswirbel kann die Katze den Kopf weit drehen – wichtig für den

Achtung: Jäger im Anflug! Sein wendiger, agiler Körper ermöglicht dem Kätzchen zielgenaue Sprünge.

Überblick. Ebenfalls sehr bewegliche Lendenwirbel ermöglichen nicht nur große Sprünge, sondern auch den berühmten Katzenbuckel. Mithilfe ihrer elastischen Schwanzwirbel kann die Katze ihre Sprünge steuern und selbst auf schmalsten Graten sicher balancieren – wie ein Seiltänzer mit Balancierstange. Schwanzbewegungen und -haltungen sind zudem ein wichtiger Teil der Katzensprache (→ ab Seite 114). Da die Schlüsselbeine der Katze im Lauf der Evolution zu winzigen Knochenfragmenten reduziert worden sind, verbinden nur Muskeln und Bänder die Schulterblätter mit der Wirbelsäule. Die »losen« Schultern verleihen der Katze den typischen Raubtiergang mit exakt voreinander gesetzten Pfoten, lassen sie beim Anschleichen den Oberkörper ganz tief ins Gras ducken und gestatten ihr, durch Spalten zu schlüpfen, die auf den

ersten Blick selbst für eine schlanke Katze viel zu schmal erscheinen.

Pfoten: Katzen laufen auf den Zehenspitzen. Das ermöglicht schnelle Sprints und Sprünge sowie Richtungswechsel in vollem Lauf. Eine dicke Schicht aus Binde- und Fettgewebe polstert die Pfotenballen, derbe Hornhaut schützt vor Verletzungen. Wie Qualitätsturnschuhe machen die dicken Polster den Gang lautlos und wirken beim Springen als Stoßdämpfer und Bremshilfe. Die Vorderpfoten sind mit je fünf, die Hinterpfoten mit je vier Krallen ausgestattet. Damit sie beim Laufen nicht klappern und einem möglichen Beutetier die Anwesenheit des Jägers verraten, stecken die Krallen in Hauttaschen. Zum Kämpfen, Klettern oder Festhalten werden sie blitzschnell ausgefahren.

Fell: Ein gepflegtes und intaktes Fell schützt vor Verletzungen, Wind, Regen, Kälte und schädlichen UV-Strahlen. Bei den meisten Katzen besteht es aus Unterwolle als Isolierschicht und Deckhaar, das sich in Leit- und Grannenhaare aufteilt. Die Leithaare sind mit dem Nervensystem verbunden. Bei Kälte stellen sie sich auf, und das so entstehende Luftpolster verhindert weiteren Wärmeverlust. Die Leithaare reagieren auch auf Angst, Ärger und Aufregung mit Sträuben und geben so über den Gemütszustand der Katze Auskunft. Drüsen produzieren genau die Menge Talg, die dem Fell seinen Glanz verleiht und es regenfest macht. Doch damit nicht genug: Das im Talg enthaltene Cholesterin wird durch Sonnenlicht in Vitamin D umgewandelt. Einen Teil ihres Vitamin-D-Bedarfs kann die Katze also durch Sonnenbaden decken. Und falls es ihr dabei zu warm wird, putzt sie sich einfach und erzeugt damit Verdunstungskälte.

Zähne: Das typische Raubtiergebis Katze lässt als Jagdwerkzeug nichts wünschen übrig. Mit ihren dolchar Fangzähnen packt die Katze ihre Be im Nacken, hält sie fest und tötet sie. Die sehr scharfkantigen Zähne im Unter- und Oberkiefer bilden zusammen eine Schere, die das Fleisch regelrecht auseinanderschneidet. Die winzigen Schneidezähnchen, auch Flohzähnchen genannt, werden kaum zum Fressen, sondern vorwiegend zur Fellpflege eingesetzt.

Tier mit sechs Sinnen

Katzen werden mehr als die üblichen fünf Sinne nachgesagt. Ob sie wirklich über einen Magnetsinn verfügen, der sie über weite Entfernungen heimfinden lässt oder ob sie Erdbeben zuverlässig »vorhersagen« können, muss dahingestellt bleiben. Grund zum Staunen gibt es trotzdem genug.

Sehen: Katzen haben einen Blickwinkel von 280 Grad und damit in ihrem Revier einen fantastischen Überblick. Ihre

◀ *Ein Kämpfchen gefällig? Die Rückenlage ist bei Katzen keine Demuts-, sondern eine Abwehrstellung. Bei Bedarf kann das Kätzchen alle 18 Krallen einsetzen.*

2 **Variabel** Verändern sich die Licht-verhältnisse, passt die Pupille sich stufenlos an. Zudem ist das Katzenauge mit einer reflektierenden Schicht aus-gekleidet, die bei Dämmerung wie ein Restlichtverstärker wirkt.

1 **Hell** Dank einer her-vorragenden »Blen-denautomatik« verengen sich die Pupillen bei Hellig-keit zu schmalen Schlitzen.

3 **Dunkel** Je dunkler es wird, desto größer wird auch die Pupille. So kann das Kätzchen jegliches Licht ein-fangen und verwerten.

Sehschärfe ist mit unserer vergleichbar, jedoch nehmen Katzen auch winzige Bewegungen viel eher wahr als wir. In der Dämmerung oder überhaupt bei schlechten Lichtverhältnissen sind Kat-zenaugen den unseren weit überlegen. Das liegt einerseits an den Pupillen, die sich je nach Lichteinfall vom schmalen Schlitz bis zum fast das ganze Auge aus-füllenden Rund verändern und damit den kleinsten Lichtstrahl einfangen kön-nen. Zum anderen liegt es an der reflek-tierenden Schicht im Augenhintergrund. Sie wirkt als Restlichtverstärker, sodass der Mäusefänger auch bei Finsternis seiner Aufgabe nachgehen kann. Die Re-flexschicht lässt Katzenaugen im Dun-keln aufleuchten, sobald Licht auf sie fällt. **Hören:** Katzenohren entgeht nichts. Sie hören hohe Töne im Bereich von über 60 Kilohertz, die wir gar nicht wahrneh-men können. Ob es sich um das ent-fernte Wispern einer Maus handelt oder das Öffnen der Kühlschranktür – die Katze hört alles sogar im Schlaf und ist bei vielversprechenden Tönen sofort hellwach. Mit ihren um 180 Grad dreh-baren Ohrmuscheln kann sie zudem mühelos orten, aus welcher Richtung ein Geräusch kommt.

Schmecken und Riechen: Auf der rauen Katzenzunge sitzen relativ wenig Geschmacksknospen. Dennoch können Katzen gut zwischen salzig, sauer, bitter und umami (herzhaft-fleischig) unter-scheiden, Süßes jedoch schmecken sie anscheinend nicht. Zum Prüfen des Fut-ters dient in erster Linie der sehr gut ausgebildete Geruchssinn. Was für die Katze gut riecht, akzeptiert sie, geruch-lose Nahrung wird ignoriert. Beim Paa-rungs- und Sozialverhalten spielt der

◀ Kätzchen zeigen im Spiel geradezu artistische Glanzleistungen.

rührungsreize. Und mit den hochempfindlichen Pfotenballen können Katzen sogar Erschütterungen wahrnehmen, die etwa von einer unterirdisch aktiven Maus herrühren – oder den Vorboten eines Erdbebens ...

Gleichgewicht: Katzen haben einen legendären Gleichgewichtssinn. Ein spezielles Organ tief im Labyrinth des Innenohrs signalisiert dem Gehirn die jeweilige Lage des Körpers. Das löst die entsprechenden Reflexe aus – beim Fall aus größerer Höhe z. B. den Stellreflex. Er bewirkt, dass die Katze sich im Fallen dreht und auf ihren Füßen landet. Das locker am Körper sitzende Fell wird dabei zu einer Art Fallschirm und bremst den Fall ab. Viele Stürze gehen glimpflich aus, wenn auch leider nicht alle.

Das Verhalten – Kätzchens Familienkodex

Warum kann die Katze nicht gehorchen wie ein Hund? Was hat sie nur gegen Umräumaktionen in der Wohnung? Warum schläft sie mindestens doppelt so lange wie wir und versucht alles zu fangen, was sich bewegt – selbst den Menschenfuß, der unter der Bettdecke herausschaut? Dies alles liegt in der Familie der Katzen (→ Seite 10/11). Sie hat im Lauf der Evolution ihren eigenen Verhaltenskodex entwickelt – und alle Familienmitglieder bis hin zur Hauskatze halten sich daran.

Verhandeln statt gehorchen

Bis das kleine Einmaleins des Überlebens gelernt ist, gehen Katzenmütter

Geruchssinn ebenfalls eine große Rolle: Ein beträchtlicher Teil der »Katzensprache« besteht aus Duftsignalen. Die Nase ist jedoch nicht das einzige Riechorgan der Katze: Das Jacobsonsche Organ im Gaumendach nimmt besonders verlockende Duftreize auf und lässt die Katze flehmen: Mit geöffnetem Mäulchen und entrücktem Blick saugt sie den Duft ein.

Fühlen: Mit ihren hochsensiblen Tasthaaren am Maul, über den Augen und an den Rückseiten der Vorderpfoten erspürt die Katze Hindernisse und sogar feinste Luftströmungen. So kann sie sich selbst bei tiefer Dunkelheit sicher bewegen. Den »Schnurrbart« benutzt sie auch, um Beschaffenheit und Fellstrich der Beute zu prüfen und unbekannte Gegenstände abzutasten. Der Tastsinn befindet sich nicht allein in den Tasthaaren – der gesamte Körper ist empfänglich für Bemit ihrem Nachwuchs ziemlich autoritär um. Wer sich Eskapaden leistet, wird von der Mama angefaucht und notfalls mit »Katzenköpfen« auf Linie gebracht. Im späteren Katzenleben spielt Gehorsam keine Rolle mehr. Grund dafür ist die Sozialstruktur der Samtpfoten: Abgesehen von Paarungszeit und Jungenaufzucht leben die meisten Katzenartigen allein und jagen auf eigene Rechnung. Kein Rudel, keine absolute Rangordnung, kein Leittier – die Katze gehorcht allenfalls sich selbst. Aber sie arrangiert sich mit ihren Artgenossen – etwa wenn es um gemeinschaftlich genutzte Wege im eigenen Revier oder um Streifgebiete geht, durch die mehrere Katzen pirschen. Um einander nicht in die Quere zu kommen und so immer wieder aufreibende

Kämpfe zu riskieren, nutzen die Tiere Gemeinschaftswege und Aussichtsplätze zeitversetzt. Welche Katze wann auf welchem Platz den Vorrang hat, wird ausgehandelt – und dabei fliegen schon einmal die Fetzen. Steht das »Verhandlungsergebnis« aber fest, hält sich das Katzenvolk an die Regeln. »Leben und leben lassen« lautet die Devise. Selbst echte Kraftprotze zeigen sich meist großzügig, wenn unversehens ein unterlegenes Tier ihren Weg kreuzt: Sie schauen dann betont desinteressiert umher und geben dem Schwächeren so Gelegenheit, sich einfach zurückzuziehen. Die notorischen Einzelgänger pflegen alles in allem also eine Art höflicher Nachbarschaftskultur; raufsüchtige Rambos bestätigen nur die Regel.

2 **Erbeuten** Mit einem Sprung hat das Kätzchen seine Beute erwischt und begutachtet sie erst einmal vorsichtig. Jetzt darf es sein »Opfer« ein bisschen fleddern – und dann ist wieder Zeit für eine neue Spielrunde.

1 **Anschleichen** Der kleine Jäger lauert auch beim Spiel in der Wohnung mit voller Konzentration. Tief geduckt schleicht er sich an seine »Beute« an und macht sich bereit, sie zur Strecke zu bringen.

Nur keine Missverständnisse

Wer Verhandlungen führt, muss sich verständigen können. Kein Problem für Familie Felidae – sie hat eine eigene Sprache entwickelt (→ Seite 114/115), bestehend aus Lautsignalen, Körpersprache und Duftsignalen. Das scheint auf den ersten Blick ungewöhnlich für ein hauptsächlich solitär lebendes Tier, erweist sich bei näherem Hinsehen aber

noch sich provozieren lassen will, trägt den Kopf nicht allzu hoch und wendet den Blick lieber ab. Doch auch ohne direkte Begegnung findet Kommunikation statt: Wer draußen herumstreift, hinterlässt seine Duftmarken. Potente Kater (und mitunter rollige Katzen) sprühen ihren Urin bevorzugt gegen senkrechte Flächen, Artgenossen »kommentieren« die Botschaften mit eigenen Marken. Andere Signale sind subtiler: Kratzspuren an Baumstämmen tragen Duftspuren aus Drüsen zwischen den Zehen,

WUSSTEN SIE SCHON, DASS …

… Schnurren mehr ist als nur Kommunikation?

Katzen schnurren, wenn sie zufrieden sind oder beschwichtigen wollen, aber auch zur Selbstermutigung. Neuen Untersuchungen zufolge stärken die beim Schnurren erzeugten Vibrationen auch das Knochengerüst und beschleunigen die Heilung verletzter Knochen. Ob ein schnurrendes Kätzchen auf dem Schoß auch die menschlichen Knochen stärkt, muss noch dahingestellt bleiben – für die Seele aber gibt es kaum etwas Besseres.

als sinnvoll: Gerade weil Katzen ihren Artgenossen in der Natur eher selten und dann unverhofft begegnen, müssen ihre Mitteilungen klar ankommen. Bei Missverständnissen setzt es nur zu leicht Prügel und Bisse. Eine klare Sprache dagegen hilft Kämpfe zu vermeiden – und ist auch bei der Werbung von Vorteil. Was aber sagt man sich so unter Katzen? Wer sich kennt und mag, begrüßt sich Nase an Nase und lässt ein freundliches »Murr« hören, bevor er weiter seiner Wege geht. Wer auf revierfremden Pfaden wandelt und weder provozieren

und wer sich mit Wangen oder Flanken an bestimmten Gegenständen reibt, lässt dort ebenfalls seinen (nur für Katzennasen erkennbaren) Duft zurück. Katzen sind geselliger als ihr Ruf und haben in ihrem Sprachrepertoire auch »Vokabeln«, die dem entspannten Kontakt vorbehalten sind. Schließlich schätzen die meisten gelegentlich den Kuschelschlaf mit Artgenossen. Mancherorts halten die Katzen des Bezirks nächtliche Versammlungen ab, deren Zweck ein friedliches Beisammensein ist; in Großrevieren schließen sich Kater zu »Bru-

Ihr hoch entwickeltes und sehr komplexes
Kommunikationssystem hilft der Katze, bei
Begegnungen mit Artgenossen Stress zu vermeiden.

derschaften« zusammen, die gemeinsam auf Brautschau und Rivalensuche gehen. Und schließlich sind »Kolonien« wild lebender Katzen, die einander bei der Jungenaufzucht helfen, keine Seltenheit.

Im Revier: am besten nichts Neues

Ihr Kernrevier – das »Heim erster Ordnung« – ist für eine Katze der absolute Lebensmittelpunkt. Hier hat sie ihre Schlaf- und Ruheplätze, fühlt sich sicher und kann ungestört fressen. Sie kennt jeden Strauch, jedes Grasbüschel, jeden Stein. Wenn sie zur Menschenfamilie gehört, liegt ihr Kernrevier in der Wohnung. Hier ist ihr jeder Winkel und jedes Möbelstück vertraut. Alle Informationen sind als festes Bild gespeichert, sodass die Katze sich blind zurechtfinden kann, selbst in absoluter Dunkelheit oder wenn sie einmal blitzschnell Zuflucht nehmen muss. Wird in diesem Bereich etwas verändert, muss sie sich erst ein neues Bild machen, bevor sie das sichere Heimatgefühl wiedergewinnt. Häufiges Möbelrücken führt zu purem Katzenstress. Im weiteren Revier (also auch in Zimmern, in denen sie sich nicht so häufig aufhält) sieht die Samtpfote Veränderungen nicht ganz so eng. Genauestens untersucht werden müssen sie dennoch, denn die sprichwörtliche Neugier gehört eben auch zum Verhaltenskodex.

In der Ruhe liegt die Kraft

Die beste Zeit zum Jagen ist begrenzt (vorzugsweise die Dämmerung), Umherstreifen ist schlecht, wenn gerade an-

dere Artgenossen das Wegerecht haben, und manchmal lockt auch das Wetter nicht zum Wandern. Was also macht unser Stubentiger zwischendurch? Sich putzen (bis zu drei Stunden täglich) und immer wieder ein Nickerchen. Fast 16 Stunden Schlaf kommen so bei unseren kleinen Jägern zusammen, Kätzchen bringen es sogar auf 18 bis 20 Stunden. Faultier, dein Name ist Katze? Nicht doch! Richtig tief und fest schläft die Katze immer nur ein paar Minuten lang und zwar nur da, wo sie sich absolut sicher fühlt. Die übrigen Schlafphasen sind so leicht, dass sie schon bei einem leisen Rascheln wieder »voll da« ist – und voller Energie. Der leichte Schlaf ist nichts anderes als die Kraftquelle, an der unsere Samtpfoten ihre Akkus aufladen.

Stimmt irgendetwas nicht? Sich putzen kann auch eine reine Verlegenheitsgeste sein. ▶

... und immer lockt das Beutetier

Familie Felidae lebt von der Jagd, und auch in unseren Hauskatzen ist der Jagdtrieb tief verankert. Mäuse und andere Kleinsäuger, Vögel, Insekten, Frösche – was immer sich bewegt, wird belauert und mit mehr (Mäuse) oder weniger Erfolg (Vögel) gejagt. Der Jagdtrieb macht auch vor reinen Wohnungskatzen nicht halt. Sie sitzen am Fenster und »schnattern« in aufgeregtem Stakkato einem vorbeifliegenden Vogel hinterher, gehen auf Fliegenhatz oder machen, wenn der Mensch mitspielt, Jagd auf Spielzeug. Spielt er nicht mit, muss er auf seine Waden aufpassen – frustrierte Katzen lassen ihren aufgestauten Jagdtrieb vorzugsweise an ihnen aus. Auch der Menschenfuß, der unter der Bettdecke hervorlugt, passt ins Beuteschema: Kleinsäugergröße, beweglich und aus dem Dunkel ans Tageslicht strebend ... Diese seltsame »Maus« muss ein Kätzchen doch wenigstens einmal antippen.

Hat Mama dem hoffnungsvollen Nachwuchs soeben einmal gezeigt, wo es langgeht? Kätzchens Haltung zeigt eine Menge Neugier, aber auch ein bisschen Unsicherheit an.

Klasse mit Rasse

Ob Perser, Siam oder Burma – sämtliche Rassekatzen stammen genau wie unsere gewöhnlichen Hauskatzen von jenen fünf Urmüttern aus dem Fruchtbaren Halbmond ab. Und Klasse haben sie alle, der »Katzenadel« ebenso wie Minka vom Bauernhof.

ERSTE GRUNDLAGEN für das Entstehen verschiedener Rassen wurden gelegt, als die Katzen vom Nahen Osten mit Schiffen in die ganze Welt gelangten. Die »Einwanderer« passten sich ihrer jeweiligen Umgebung an. Im heißen Südostasien etwa prägte sich ein schlanker Körperbau mit kurzen Haaren aus – Vorfahren der Siamkatzen, Burmesen und Abessinier. In kühleren Klimazonen legten sich die Tiere einen kompakteren Körperbau und dickere Unterwolle zu – Ahnen der Hauskatzen und der aus ihnen gezüchteten Europäisch und Britisch Kurzhaar, Kartäuser sowie anderer robuster Rassen. In rauen Klimazonen wie dem Hochland Kleinasiens schließlich entwickelten die Katzen ein langes Haarkleid mit dichter Unterwolle – Vorfahren der Perserkatzen. In Anpassung an raues Klima und durch zufällige Kreuzungen von Lang- und Kurzhaarkatzen entstanden die ersten Vertreter von Halblanghaarrassen wie Maine Coon, Norwegische Waldkatze und Sibirische Katze.

Die jungen »Adeligen«

Systematische Rassekatzenzucht gibt es erst seit gut 150 Jahren, der »Katzenadel« ist also ziemlich jung. Heute kennt man etwa 40 bis 50 Rassen – sowie unzählige Züchtervereinigungen und -verbände, die in mehreren Dachorganisationen zusammengefasst sind (→ Seite 141). Von ihnen werden die Richtlinien für die Zucht und die Standards für die einzelnen Rassen festgelegt. Nicht alle Rassen sind bei allen Verbänden anerkannt, nicht alle sind unumstritten. Problematisch ist etwa die Zucht mit Mutationen, deren genetische Besonderheit auch mit erblichen Defekten verbunden ist – wie die schwanzlose Manx oder die Scottish Fold mit ihren nach vorn geklappten Ohren. Ebenso lässt sich über die haarlose Sphinx streiten, über Perserkatzen mit extrem kurzer Nase oder über Siamesen mit extrem schmalen Keilkopf. Zum Glück gibt es aber auch viele unwiderstehliche Rassekätzchen ohne angezüchtete Probleme (→ Seite 24–29).

TIPP

Erfahrung sammeln

Findet in Ihrer Nähe demnächst eine Katzenausstellung statt? Gehen Sie hin, auch wenn Sie kein Rassekätzchen erwerben wollen (das sollten Sie auf einer Ausstellung ohnehin nicht). Sie erleben die unterschiedlichsten Katzen, kommen mit vielen engagierten Katzenfreunden ins Gespräch und sammeln so Erfahrung.

Abessinier

Aussehen: Mittelgroß, schlank, muskulös. Hochbeinig, m[it] langem, spitz zulaufendem Schwanz. Leicht keilförmiger Kopf mit großen, weit auseinanderstehenden Ohren und mandelförmigen Augen. Kurzes, dichtes Seidenfell mit dunklem »Ticking« (Bänderung), das sich bei Jungtieren erst etwa ab der sechsten Lebenswoche zeigt.
Charakter: Neugierig, temperamentvoll, verspielt, mit hellwachen Sinnen; manchmal schreckhaft. Gesellig und verträglich auch mit anderen Tieren, ungern allein. Sehr anhänglich; in ihren Lautäußerungen zurückhaltend.
Haltung: Liebt als leidenschaftliche Jägerin viel Freilauf, braucht bei Wohnungshaltung viel Bewegungsraum, Klettermöglichkeiten und Anregung durch gemeinsames Spiel.

Ägyptische Mau

Aussehen: Schlank, aber stabil, erinnert an altägyptische Katzendarstellungen. Keilförmiger, jedoch abgerundeter Kopf mit breiter Stirn, großen Ohren und hellgrünen Augen. Kurzes »geticktes« Fell mit dunklen Tupfen auf hellerem Grund; an den Beinen Streifen, am Schwanz Ringe. Bei Kätzchen prägt sich die Fellzeichnung erst allmählich aus.
Charakter: Ihr Augenausdruck wirkt leicht besorgt, dabei ist die Mau munter, neugierig, lebhaft und verspielt. Sehr anhänglich und gesellig, Fremden gegenüber zurückhaltend.
Haltung: Braucht viel Ansprache und Zuwendung; lernt oft auch bereitwillig kleine Kunststücke. Läuft und springt gern und sollte auch als Wohnungskatze die Möglichkeit dazu haben. Das kurze Seidenfell verlangt wenig Pflegeaufwand.

Bengal

Aussehen: Groß, schlank, muskulös – ein Mini-Leopard mit Tupfen- oder Rosettenzeichnung. Breiter, abgerundeter Kopf mit großen Augen und markantem Schnurrhaarkissen. Bei Kätzchen prägt sich das Fellmuster erst allmählich aus.
Charakter: Verträglich mit Artgenossen und anderen Tieren, dem Menschen gegenüber sehr anhänglich und »gesprächig«; sehr aktiv, bewegungsfreudig, neugierig und verspielt. Viele Bengalen lieben Wasser – Erbe der wilden Bengalkatze, die zu ihren Vorfahren gehört.
Haltung: Wohnungshaltung ist möglich, wenn genug Raum zum Springen, Klettern und Bewegen vorhanden ist, und es Artgenossen (gleich welcher Rasse) als Sportkameraden gibt. Trotzdem bleibt der Mensch Spielpartner Nr. 1.

Birma

Aussehen: Kräftiger, muskulöser Körper auf stämmigen Beinen; helles, seidiges, halblanges Fell mit dunkleren Abzeichen im Gesicht, an Ohren und Beinen und am buschigen Schwanz. An Vorder- und Hinterpfoten »Söckchen« in Schneeweiß. Leuchtend blaue Augen. Neugeborene Kätzchen haben ein kurzes, weißes Fell.

Charakter: Das »Engelchen« unter den Katzen, sanft, freundlich und verträglich, geduldig im Umgang mit Kindern. Eher ruhiges Temperament, dabei aber verspielt und zärtlich und – im Gegensatz zu ihren Siam-Vorfahren – recht leise.

Haltung: Ideale Familienkatze; Wohnungshaltung gut möglich. Für Spiel und Fellpflege muss sich der Mensch täglich Zeit nehmen – besonders während des Fellwechsels.

Britisch Kurzhaar

Aussehen: Rundlich, kompakt, mit kurzen, stämmigen Beinen und kräftigem Schwanz. Das dichte, plüschige Fell steht leicht vom Körper ab. Breiter Kopf mit kleinen, weit auseinanderstehenden Ohren und großen, runden Augen in Kupfer oder Orange. Wird in fast allen Farbschlägen gezüchtet und wegen ihrer teddyhaften Erscheinung oft »Bärchen« genannt.

Charakter: Ruhig und unkompliziert, ausgeglichenes Temperament. Anhänglich, aber niemals aufdringlich, leise Stimme. Ideale Familienkatze; verträgt sich gut sowohl mit Artgenossen als auch mit anderen Tieren.

Haltung: Problemlos in der Wohnung zu halten, schätzt aber auch den heimischen Garten. Relativ geringer Bewegungsbedarf, hält mehr von »Schoßsitzungen« als von wilden Spielen.

Burma

Aussehen: Schlank, fast zierlich, aber doch kompakt und muskulös. Kurzes, glattes, seidiges Fell; Gesichtsmaske, Ohren, Beine und Schwanz dunkler als das übrige, seidig glänzende Fell. Keilförmiger Kopf mit abgerundeten Linien, Nase mit kleinem »Stop« (Einbuchtung) am Übergang zur Stirn; große, goldgelbe bis bernsteinfarbene Augen.

Charakter: Temperamentvoll, neugierig, verspielt. Mag andere Katzen und sucht immer wieder die Nähe »ihres« Menschen. »Spricht« viel, wird aber nicht so laut wie die Siam.

Haltung: Braucht viel Zuwendung, Anregung und Ansprache und sollte möglichst nicht als Einzelkatze gehalten werden. Vor allem bei Wohnungshaltung sind regelmäßige Spielstunden unerlässlich. Dank des Kurzhaarfells relativ pflegeleicht.

Europäisch Kurzhaar

Aussehen: Auf den ersten Blick unsere gan[ze] [F]eld-, Wald- und Wiesenkatze, allerdings seit Gen[erationen d]urch-gezüchtet. Kräftig und muskulös; mit große[m runden] Kopf und dichtem, kurzem Fell; viele Farbschläge[.]
Charakter: Unkompliziert, intelligent und un[...] An-hänglich, aber auch eigenständig. Ausgeglic[hen und ...]. Verträgt sich im Allgemeinen gut mit andere[n ...] [un]d kommt auch in turbulenten Familien gut zurecht.
Haltung: Wohnungshaltung ist möglich, mindestens ein ge-sicherter Balkon sollte aber zur Verfügung stehen – die Katze ist gern an der frischen Luft, auch bei niedrigen Tem-peraturen. Kurzes, pflegeleichtes Fell, braucht aber beim Fellwechsel etwas Unterstützung durch Kamm und Bürste.

Kartäuser

Aussehen: Große, kräftige Katze im einfarbig blaugrauen Haarkleid. Breite Brust, runder Kopf; hoch angesetzte, mit-telgroße Ohren, große, orange- oder kupferfarbene Augen. Das weiche Kurzhaarfell mit dichter Unterwolle steht etwas vom Körper ab, fast wie ein Fischotter-Pelz.
Charakter: Ruhig, ausgeglichen, freundlich und verträglich, auch gegenüber anderen Katzen. Eher bedächtig als quirlig; lässt sich gern streicheln, braucht aber auch viel Ruhe.
Haltung: Wohnungshaltung problemlos. Die Kartäuser ist nicht die große »Spielteufelin« oder Abenteurerin, liebt aber zärtliche Zuwendung. Wegen der dichten Unterwolle braucht sie Unterstützung bei der täglichen Fellpflege. Viele lassen sich gut an Leine und Brustgeschirr gewöhnen.

Maine Coon

Aussehen: Groß, kräftig, robust; mit dichtem, halblangem Fell und buschigem »Waschbär«-Schwanz (daher der Name). Kantiger Kopf mit kräftigem Kinn; weit auseinanderstehen-de Ohren, innen mit Haarbüscheln bewachsen, leicht schräg gestellte, große Augen, voluminöse Halskrause.
Charakter: Unternehmungslustig; ausgeglichenes Tempera-ment, verträgliches Wesen, dabei aber recht eigenständig. Eher spielfreudig als verschmust, manche Maine Coon hat Spaß am Apportieren.
Haltung: Wohnungshaltung kann problematisch sein; die begeisterten Mäusefänger fühlen sich bei fast jedem Wetter im Freien wohl und sind dafür bestens ausgestattet. Braucht Unterstützung bei der Fellpflege, besonders im Winter.

Norwegische Waldkatze

Aussehen: Kräftiger, robuster Körper; dreieckiger Kopf mit gerader Nase; große Ohren mit üppigen Haarbüscheln. Halblanges Fell mit dichter Unterwolle und glänzendem, Wasser abstoßendem Deckhaar. Der stattliche »Backenbart«, die üppige Halskrause und lange »Knickerbocker« an den Hinterbeinen machen die wetterfeste Ausstattung perfekt.

Charakter: Gesellig, aber eigenständig, nicht die typische »Schoßbesetzerin«. Holt sich gern ein paar Streicheleinheiten ab, um dann wieder ihrer Wege zu gehen.

Haltung: Wohnungshaltung problematisch, die »Wind- und Wetterkatze« liebt den Auslauf, die Mäusejagd und Kletterpartien auf Bäumen (Norweger-Spezialität: Hinunterklettern mit dem Kopf voran). Braucht Hilfe bei der Fellpflege.

Perser

Aussehen: Groß, kräftig, gedrungener Körperbau; kurze, stämmige Beine, buschiger Schwanz. Großer, runder Kopf mit großen, leuchtenden Augen und kleiner, breiter Nase mit deutlichem »Stop«, einer Einbuchtung am Übergang zur Stirn. Üppiges, langhaariges, seidiges Fell. Den Kopf umgibt eine mähnenartige Halskrause, in dem die kleinen, leicht abgerundeten Ohren fast verschwinden.

Charakter: Ruhig, ausgeglichen, sehr anhänglich, aber unaufdringlich und leise. Mag Spiele, bei denen es nicht zu wild zugeht, und ist beim Schmusen eher zärtlich als stürmisch.

Haltung: Wohnungshaltung ist problemlos möglich; Perser brauchen viel Zuwendung und täglich mindestens eine halbe Stunde Fellpflege – am besten verpackt in ein Wohlfühlritual.

Ragdoll

Aussehen: Groß, schwer, stattlich; mit stämmigen Beinen, breitem, keilförmigem Kopf, breiter Brust und buschigem Schwanz. Sehr weiches, halblanges, dichtes Fell; große, leicht ovale Augen in strahlendem Blau.

Charakter: Ein Sonnenschein im Seidenfell! Sehr umgänglich, verträglich, ruhig und friedlich, dabei anhänglich und verspielt, aber völlig unaufdringlich. Entspannt sich total auf dem Arm »ihres« Menschen, daher rührt auch ihr Name (»Stoffpuppe«).

Haltung: Liebevolle Gefährtin für Singles, aber auch gut geeignet für Familien mit Kindern. Wohnungshaltung problemlos möglich; tägliche Fellpflege ist nötig, aber nicht schwierig, weil das Fell kaum zu Knoten- oder Filzbildung neigt.

Russisch Blau

Aussehen: Elegante Erscheinung mit schlan[...] [...]th-letischem Körperbau. Keilförmiger Kopf mit g[...]en, gerader Nase, markanten Schnurrhaarkissen [...]end grünen, mandelförmigen Augen. Dichtes, bl[...] dop-peltes« Fell, bei dem Unterwolle und Deckha[...]ang sind, leichter Silberschimmer durch transparen[...]tzen.
Charakter: Ruhig, zurückhaltend, fast ein wenig schüchtern. Verträgt sich gut mit anderen Tieren und entwickelt eine sehr enge Bindung an »ihren« Menschen.
Haltung: Eher Ein-Mensch-Katze als Familientier. Braucht viel Zuwendung und eine möglichst ruhige Umgebung, Lärm und Hektik schüchtern sie ein. Wohnungshaltung problem-los; braucht bei der Fellpflege nur wenig Unterstützung.

Siam

Aussehen: Superschlank; sehr kurzes Seidenfell. Keilförmi-ger Kopf mit gerader Nase, großen Ohren und mandelförmi-gen Augen. Ein Teil der Züchter ist zu den weniger schmalen Siamesen alten Typs zurückgekehrt. Diese haben rundere Köpfe als die »Neuen« und werden bei den Zuchtverbänden als »Thai-Katzen« geführt. Alle haben strahlend blaue Augen und dunkle Abzeichen (Points) im Gesicht, an Ohren, Beinen und am Schwanz. Kätzchen kommen fast weiß zur Welt, die Points färben sich nach und nach aus.
Charakter: Lebhaft, kapriziös, intelligent und anhänglich. Sehr fordernd. »Spricht« ausdauernd und laut.
Haltung: Braucht viel Zuwendung von ihrem Menschen. Wohnungshaltung problemlos möglich, Fell pflegeleicht.

Sibirische Katze

Aussehen: Kräftig, muskulös, mittelgroß. Kurzer, keilförmi-ger Kopf, mittelgroße Ohren mit Haarbüscheln und mandel-förmige, weit auseinanderstehende Augen. Halblanges, glänzendes, Wasser abweisendes Fell mit dichter Unterwol-le. Auffälliger weißer Brustlatz; Haarbüschel zwischen den Zehen; an Hinterbeinen und Schwanz sehr lange Haare.
Charakter: Freundlich und aufgeschlossen, recht eigenstän-dig, sensibel, aber selbstbewusst. Fühlt sich wohl in Gesell-schaft, sucht aber gelegentlich den Rückzug.
Haltung: Wie Maine Coon und Norwegische Waldkatze liebt auch die Sibirische Katze den Freilauf und ist mit ihrem Fell dafür bestens ausgestattet. Die längeren Fellpartien und die Unterwolle brauchen regelmäßig Kamm und Bürste.

...ura

Aussehen: Kleiner, aber kräftiger und muskulöser Körper; rundlicher Kopf mit kurzer Nase, großen Ohren und großen, mandelförmigen, dunkel umrandeten Augen. Kurzes, feines, glattes, elfenbeinfarbenes Fell mit dunkelbrauner Bänderung, an Kinn, Brust und Bauch einfarbig hell. Unter den Rassekatzen die kleinste – wird nur zwei bis drei Kilo (Kater) schwer.
Charakter: Aktiv und neugierig, dabei aber sehr sanft. Schließt sich eng an den Menschen an, ist aber Fremden gegenüber eher zurückhaltend. Sucht sich häufig einen Menschen als besondere Bezugsperson aus.
Haltung: Braucht viel menschliche Zuwendung und bleibt ungern allein. Eher Ein-Mensch- als Familienkatze. Wohnungshaltung problemlos. Pflegeleichtes Fell.

Somali

Aussehen: Elegant wie ihre kurzhaarigen Abessinier-Vorfahren, mit gleicher Kopfform, gleichem Augenschnitt und gleichem Körperbau, aber mittellangem, ebenfalls nach Abessinier-Art »geticktem« Fell. Auch die Farben entsprechen denen der Abessinier. Die Somali trägt eine Halskrause und hat »Höschen« an – längere Haare an den Hinterbeinen.
Charakter: Wie die Abessinier ebenfalls sehr lebhaft und verspielt. Friedfertig und verträglich, kommt auch mit anderen Katzen gut aus und mag nicht gern allein sein.
Haltung: Ist gern draußen und will nicht nur bei Wohnungshaltung von ihrem Menschen ausgiebig mit Spiel- und Sportangeboten (Klettern!) beschäftigt werden. Das wunderschöne Fell braucht regelmäßige Pflege.

Türkisch Van

Aussehen: Mittelgroß und kräftig; stämmige Beine, buschiger Schwanz. Das halblange, seidige Fell ist am Körper blütenweiß, an Kopf und Ohren meist kastanienrot gefleckt; der Schwanz ist kastanienrot durchgefärbt. Die Augen sind entweder bernsteinfarben, blau oder »odd«, d. h., die Katze hat ein blaues und ein bernsteinfarbenes Auge.
Charakter: Lebhaft, freundlich und verspielt, intelligent und eigenwillig. Verträgt sich gut mit anderen und schätzt die Gesellschaft anderer Katzen, ist aber gern das Alphatier.
Haltung: Braucht viel Ansprache und Beschäftigung. Hat eine Vorliebe für Wasser und mag Spiele mit dem nassen Element. Regelmäßige Fellpflege muss sein, ist aber wegen der fehlenden Unterwolle relativ einfach.

Wie Katzen
leben wollen

Ein Kätzchen bringt Freude in Ihr Leben – wenn es am Leben
mit Ihnen Freude hat. Machen Sie sich vor seinem Einzug also
gründlich mit den Ansprüchen Ihres Stubentigers vertraut.

Die Revierfrage und andere Bedürfnisse

Ein großer Tag für Ihr Kätzchen: Mit seinem Einzug wird es Besitzer eines eigenen Reviers. Und natürlich will es sich auch außerhalb der Wohnung Terrain erobern. Entscheiden müssen Sie – nachdem Sie das Für und Wider gründlich abgewogen haben.

DRAUSSEN HERUMSTREIFEN, lauern, jagen, Beute machen, interessanten Gerüchen und Geräuschen nachspüren, Artgenossen begegnen: Das lieben Katzen, und dafür sind sie von der Natur bestens ausgerüstet. Dürfen Sie Ihrem künftigen Hausgenossen diese Dimension des Katzenlebens verwehren? Wenn Sie in einer Etagenwohnung mitten in der Stadt oder in einer verkehrsreichen Gegend leben, haben Sie keine Wahl: In diesem Fall muss das Katzenrevier innerhalb Ihrer vier Wände liegen. Wohnen Sie dagegen im Grünen, stellt sich die Frage drängender – mit allem Für und Wider. Freilauf zu gewähren bedeutet stets, Kontrolle aufzugeben und Gefahren in Kauf zu nehmen: das alte Dilemma zwischen Freiheit und Sicherheit.

Vorsicht, Gefahr!

Die Evolution hat den Katzen ein gutes Rüstzeug für den Freilauf mitgegeben. Auf viele Gefahren unserer heutigen Umwelt sind sie aber gar nicht eingestellt – allen voran den Autoverkehr. Überprüfen Sie daher Ihre Umgebung, bevor Sie sich entscheiden. Gegen freien Auslauf sprechen vor allem folgende Punkte:

▸ stark befahrene Straßen im Umkreis von ca. 600 Metern;

▸ ein Jagdgebiet in der Nähe;
▸ Felder mit konventioneller Landwirtschaft (giftige Pestizide);
▸ gefährliche Hunde oder »wilde«, unkastrierte Kater, die bei Beißereien Krankheiten übertragen können;
▸ häufigere Anzeigen oder »Katze vermisst«-Zettel – oft ein Hinweis auf Tierfänger oder Katzenhasser.

Keine Gefahr in unmittelbarer Nähe? Dafür aber verständnisvolle, tolerante Nachbarn, die ein Herz für Katzen haben? Wunderbar. Ein paar Dinge sollten Sie dennoch sorgfältig bedenken, bevor Sie Ihrem Kätzchen die Tür zur weiten, »wilden« Welt öffnen.

Ob Freiläufer ▸
oder Etagentiger:
Ein Kätzchen
braucht zu sei-
nem Glück unbe-
dingt Gelegenheit
und Ermunterung
zum Spielen.

◀ *Auf mehr als 16 Stunden Schlafen und Dösen pro Tag bringt es ein Kätzchen. Schön, wenn dafür einige kuschelige Plätze vorhanden sind – notfalls auf dem Menschenbett ...*

Freilauf mit Umsicht

Selbst in einer ruhigen Gegend bleiben Risiken. Sie lassen sich aber mit einiger Umsicht vermindern (→ Seite 61). Ganz wichtig: Kommen Sie mit den Nachbarn ins Gespräch und finden Sie heraus, wie die Stimmung allgemein ist. Nicht alle werden Katzenfreunde sein. Begeisterte Hobbygärtner und Vogelliebhaber sind von Katzenbesuch in ihren Gärten in aller Regel nicht gerade begeistert, selbst wenn sie gar nichts gegen die Tiere an sich haben. Sie können sich aber als entgegenkommend und tolerant erweisen, wenn Sie ihre Sorgen ernst nehmen und ihnen Kompromisse anbieten. Vogelfreunde werden es begrüßen, wenn Sie versprechen, Ihr Kätzchen nachts im Haus zu halten. Und Hobbygärtnern können Sie beispielsweise die Erlaubnis geben, Ihre Katze nass zu spritzen, wenn sie beim Buddeln im Beet auf frischer Tat ertappt wird. Oder Sie bieten an, in Ihrer Gartenecke eine überdachte Sandkiste einzurichten, damit der Tiger nicht die Blumenbeete des Nachbarn für seine »Geschäfte« benutzt.

Auslauf mit Begrenzung

Ein eingezäunter Auslauf im eigenen Garten oder Freiluftgehege entsprechen zwar nicht den klassischen Reviervorstellungen einer Katze, stellen aber einen guten Kompromiss dar. Hier kann Ihr Kätzchen eine Menge von dem genießen, was das »Draußen« so attraktiv macht, ohne den damit verbundenen Gefahren ausgesetzt zu sein. Sichere Zäune – 2,30 m hoch und nach innen abgewinkelt oder 2 m hohe Katzenschutznetze mit Teleskopstangen – sind leider nicht unsichtbar, ebenso wenig wie ein Gehege, das auch nach oben begrenzt ist. Erkundigen Sie sich also lieber rechtzeitig beim Ordnungs-amt, ob solche Baumaßnahmen zulässig sind. Notfalls bleibt nur die Terrasse als Miniauslauf, denn die lässt sich am ehesten unauffällig vernetzen.

Das Wohnungsrevier

Ihrem Kätzchen bleibt nur die Wohnung? Keine Sorge, auch da lässt sich ein an-regendes Katzenrevier schaffen. Groß muss die Wohnung gar nicht einmal sein, aber sie muss Raum für Streif-gänge bieten und Plätze, an die sich der kleine Revierbesitzer zurückziehen kann. Natürlich möchte er seinen Besitz aus verschiedenen Perspektiven betrach-ten – aus einer versteckten Nische he-raus, von der Fensterbank oder vom Schrank herab. Und vielleicht gibt es auch noch den einen oder anderen Extra-Ausguck. Einen Kratz- und Klet-terbaum mit Liegeplätzen braucht Ihr Tigerchen sowieso, ebenso mehrere im »Revier« verteilte Gelegenheiten zum Krallenwetzen. Schön, wenn es entlang der bevorzugten Laufwege »Deckung« gibt, etwa einen Tisch mit bodenlanger Decke, Vorhänge und/oder große Kübel mit unbedenklichen Pflanzen wie Bam-bus oder Grünlilie. Fehlen nur noch die »Beutetiere« im Revier: Als Ersatz wird Spielzeug akzeptiert (→ Seite 44/45). Verstecken Sie auf den Katzenpfaden doch auch einmal den einen oder ande-re Leckerbissen, den sich Ihr kleiner Jäger dann »erschleichen« darf.

Frischluftoase Balkon

Schön, wenn Sie einen Balkon haben. Noch schöner, wenn Sie ihn entweder mit geeigneten Zaunkonstruktionen oder Schutznetzen (Zoofachhandel)

CHECKLISTE

Katzengerechte Wohnung

Können Sie einem oder zwei Stubentigern ein anregendes Revier bieten? Schauen Sie sich einmal »mit Katzenaugen« um:

○ Zu fast allen Räumen kann das Kätzchen freien Zutritt haben.

○ Das Wohnzimmer ist unbedingt Teil des Katzenreviers.

○ Die Polstermöbel dürfen mitbenutzt wer-den – außer zum Krallenwetzen.

○ Ein gesicherter Balkon oder zumindest ein gesicherter Fensterplatz mit Frischluft-zufuhr stehen zur Verfügung.

○ »Höhere Ebenen« (Fensterbänke, Schrän-ke, Regalplätze) sind zugänglich oder kön-nen zugänglich gemacht werden.

○ Für einen großen, zentral aufgestellten Kratz- und Kletterbaum gibt es Platz.

○ Das Kätzchen kann unbedenkliche Ver-steckmöglichkeiten nutzen.

○ Futterplatz und Katzentoilette können in angemessener Entfernung voneinander an ruhigen, aber jederzeit gut zugänglichen Orten untergebracht werden.

○ Probleme wie freiliegende Kabel, »Gefahr-güter« (→ Seite 63) oder ungesicherte Kippfenster werden auf jeden Fall vor Kätz-chens Einzug gelöst.

Der etwas andere Sicherheitscheck: Betrachten Sie Ihre Wohnung einmal aus **Kätzchen-Perspektive** und finden Sie so Gefahrenquellen heraus, die es zu entschärfen gilt.

katzensicher einzäunen dürfen (unbedingt mit dem Vermieter oder der Eigentümergemeinschaft klären). Hier können Sie für Ihr Samtpfötchen eine Frischluftoase schaffen und damit sein Etagenrevier ganz enorm aufwerten. Vielleicht passt sogar ein Kratz- und Kletterbaum mit Aussichtsplattform darauf. Ganz sicher aber können Sie besonnte Liegeflächen und schattige »Höhlen« anbieten und auch allerlei Grün in Pflanzschalen zur Verfügung stellen: neben dem üblichen Katzengras Zitronenmelisse, Basilikum, Petersilie, Thymian – alles auch für Menschennasen sehr wohlriechend. Der Clou wäre ein »Minibeet« mit Katzenminze: Daraus kann ganz schnell Tigerchens Lieblingsplatz werden. Umso besser,

wenn auch noch ein Liegestuhl für Sie oder andere Balkonmöbel Platz finden: Ihr Kätzchen hat nichts dagegen, wenn die »Superkatze« das Revier mitnutzt. Einen romantischen Anstrich bekommt die »Laube«, wenn Sie Schutznetz oder -zaun mit wildem Wein, Schwarzäugigen Susannen oder anderen für Katzen ungiftigen Pflanzen beranken.

Falls die »große Lösung« am Vermieter- oder Verwalter-Veto scheitern sollte, gibt es immer noch die Möglichkeit, den Balkon von innen etwa in Brusthöhe zu vergittern, sodass Ihr Tigerchen nicht auf die Brüstung springen und von dort eventuell abstürzen kann. Üppig bepflanzte Blumenkästen lenken den Blick vom Netz- oder Gitterwerk ab. Auf Klettergeräte und Hochsitze muss dann allerdings verzichtet werden.

Grundsätzliche Ansprüche

Ob mit Draußen-Revier oder ohne: Eine anregende Umgebung schafft die besten Rahmenbedingungen, damit Ihr Kätzchen sich wohlfühlt und sich zu einem Prachttier entwickeln kann. Aber Ihr kleiner Hausgenosse braucht von seiner Bezugsperson noch mehr: persönliche Zuwendung, denn nur so kann eine vertrauensvolle Bindung entstehen. Zuwendung nach Katzenart ist unaufdringlich. Sprechen Sie den Minitiger freundlich an, wann immer Sie einander über den Weg laufen, und warten Sie ab, ob er Schmusekontakt aufnehmen will (aufgedrängte Streicheleinheiten finden

Zum Kuscheln, Kratzen und Verstecken – der Vielzweckturm als Treffpunkt.

Katzen »uncool«). Machen Sie Spielangebote und denken Sie sich öfter einmal eine kleine Überraschung aus.

Jäger im Etagenrevier

Für Etagentiger ist das Spiel besonders wichtig. Es regt nicht nur die Sinne an und hält das Köpfchen fit – Spielen ist vor allem Jagdersatz. Wer täglich ein paar Mal interessante Spielbeute jagen und erhaschen darf, wird nicht unter aufgestautem Jagdtrieb leiden und daher aus lauter Frust Menschenwaden überfallen.

Wie bei Muttern

Als »Superkatze« sind Sie auch für Ernährung (→ ab Seite 66) und Pflege (→ ab Seite 76) zuständig. Beides ist nicht nur wichtig für Samtpfötchens Gesundheit, es stärkt auch die Bindung zwischen Mensch und Tier. Regelmäßige, freundlich servierte Mahlzeiten geben Ihrem Kätzchen ein Gefühl von Verlässlichkeit. Und wenn Sie mit kleinen Ritu-

WUSSTEN SIE SCHON, DASS …

… zu zweit alles besser geht?

Ein Kätzchen ist gut, zwei sind besser! Vor allem sind sie besser dran. Nicht nur in der Wohnung oder im eingezäunten Revier, sondern auch, wenn Sie außer Haus berufstätig sind. Langeweile und Bewegungsmangel kommen gar nicht erst auf, denn zwei Sportkameraden halten sich gegenseitig auf Trab und sind eine positive Herausforderung füreinander. Am besten kommen Wurfgeschwister miteinander aus. Letztlich fällt zu zweit auch die Eingewöhnung im neuen Heim viel leichter.

Es muss übrigens nicht immer Spielzeug sein: Leckere Häppchen lassen sich bei Suchspielen auch gut »erjagen« (z. B. Trockenfutter) oder werden aufgefangen, wenn Sie sie werfen. Letzteres funktioniert am besten mit gekochten Fleischstückchen. Kleine Veränderungen im Revier fordern Kätzchens Forschergeist heraus, ohne es – wie große Umräumaktionen – zu irritieren: Der Karton mit Einschlupfloch oder die Packpapiertüte (ohne Henkel) mit ein wenig getrockneter Katzenminze am Boden sind willkommene »Forschungsobjekte«.

alen Bürsten, Kämmen und andere Pflegemaßnahmen zur Wohlfühlzeit machen, fühlt es sich tatsächlich »wie bei Muttern« – ein glücklich und zufrieden schnurrendes, verschmustes Katzenkind.

Eine sichere Umgebung

Nicht nur jenseits der Haustür oder des eigenen Gartens lauern Gefahren, sondern auch in der unmittelbaren Umgebung. Kätzchen sind mit einer Riesenportion Neugier ausgestattet, aber mit einem Minimum an Vorsicht. Umso vorsichtiger müssen Sie sein, wenn eine kleine Samtpfote bei Ihnen einziehen soll: Können Sie ihr eine Umgebung bieten, in der sie ihre Neugier, den Spieltrieb und die Jagdlust gefahrlos ausleben kann? Machen Sie eine Bestandsaufnahme möglicher Gefahrenherde:

Draußen: Nicht nur Autos sind gefährlich, sondern auch Garagen und Geräteschuppen. Sie bergen jede Menge Risiken: An automatischen Garagentoren kann sich das Kätzchen verletzen, oder es könnte plötzlich in Garage oder Schuppen eingeschlossen werden. Öl und Benzin, vor allem aber Frostschutzmittel sind hochgiftig. Das Gleiche gilt für alle Gartenchemikalien: immer unter Verschluss halten und künftig ohne Gift gärtnern. Im Übrigen gilt zu beachten, dass eine ganze Reihe schöner Gartenpflanzen leider giftig ist. Dazu zählen etwa Akelei, Alpenrose, Azalee, Begonie, Buchsbaum, Clematis, Eibe, Efeu, Eisenhut, Engelstrompete, Geißblatt, Geranie, Ginster, Glycinie, Goldregen, Herbstzeitlose, Hortensie, Hyazinthe, Jasmin, Krokus, Lorbeer, Lupinie, Nieswurz, Oleander, Thuja,

Tulpe und Wacholder. Nicht vergessen sollte man auch die Gefahr, dass ein Kätzchen sich draußen jederzeit Parasiten, wie Würmer, Zecken und Flöhe, einfangen kann.

Drinnen: Wie steht es bei Ihnen mit Fenstern und Balkon (→ Seite 33/34)? Nicht immer fällt ein Kätzchen unversehrt auf die Füße, wenn es auf dem Fenstersims oder der Balkonbrüstung das Gleichgewicht verliert. Zu den häufigsten Notfällen in der Tierarztpraxis gehören leider solche Abstürze. Stehen die Fenster bei Ihnen häufig auf Kipp? Das bedeutet große Gefahr für ein Kätzchen: Rutscht es in den Fensterspalt, kann es sich tödlich verletzen oder Lähmungen davontragen. Daher immer mit Sicherungen (Fachhandel) versehen. Halten Sie Ausschau nach gefährlichen Katzenverstecken: Offene Röhren oder andere »Geheimgänge«, die in den Keller oder irgendwelche andere abgelegene Räume führen, findet eine kleine neugierige Katze todsicher. Gewöhnen Sie sich an, Haushaltsgeräte mit Türen (z. B. Wäschetrockner) und Behältnisse mit Deckel stets geschlossen zu halten. Lose Elektrokabel können ebenfalls ein Risiko bergen, denn vor allem während des Zahnwechsels beißen Kätzchen nur zu gern darauf herum. Gefahrenherd Unordnung: Gehören Sie zu den großzügigen Naturen, die gern einmal etwas herumliegen oder herumstehen lassen? Halten Sie zumindest

◀ *Vorsicht, Höhlenforscher! Im Kätzchen-Haushalt sollten Waschmaschinentüren niemals einladend offen stehen – die Neugier kann solchen Versuchungen nicht widerstehen.*

Medikamente, Putzmittel und sämtliche Chemikalien unter Verschluss. Ebenso natürlich alles, woran sich ein Kätzchen verletzen oder was es vielleicht sogar verschlucken könnte. Pflanzen und Blumen sind häufig giftig (siehe oben). Können Sie alles außer Katzenreichweite unterbringen oder sich auf garantiert Unbedenkliches beschränken?

Kätzchen brauchen ein bisschen mehr ...

... Aufmerksamkeit: Katzenkinder sind infektanfälliger als ausgewachsene Katzen. Achten Sie daher auf die notwendigen Impfungen und den Schutz vor Parasiten (→ ab Seite 81). Suchen Sie unverzüglich den Tierarzt auf, sobald Ihr Kätzchen etwaige Krankheitsanzeichen zeigt. Je eher Sie gehen, umso besser kann es behandelt werden.

... Behutsamkeit: So klein, so zart und so empfindlich – Kätzchens Temperament täuscht oft darüber hinweg, dass es doch noch sehr verletzlich ist. Behutsamer Umgang schafft Vertrauen.

... Zeit: Für ein Kätzchen müssen Sie sich eine Menge Zeit nehmen. Bis zu zwei Stunden am Tag beschäftigt es Sie mit Spielanforderungen, die »Großen« kommen mit etwa einer Stunde Spielzeit aus. Wer so viel Energie verbraucht, muss sie auch wieder auffüllen: Mit nur zwei Mahlzeiten am Tag ist es da nicht getan – bis zu fünfmal täglich muss das Kätzchen gefüttert werden.

... Nachsicht: Der kleine Energiebolzen kann einen Haushalt ganz schön aufmischen und dabei eine Menge Chaos anrichten. Außerdem testet er mitunter auch ganz gern und mit viel Charme seine Grenzen aus. Das kann Menschennerven ziemlich strapazieren.

TEST

Sind Sie ein Katzenmensch?

12, 15 oder gar 20 Jahre – wer sich für ein Kätzchen entscheidet, bindet sich für lange Zeit. Passt ein samtpfotiger Gefährte überhaupt zu Ihnen? Der Test sagt Ihnen mehr.

	ja	nein
1. Ich bin gern zu Hause und führe ein relativ beständiges Leben.	○	○
2. Mir gefällt, dass Katzen ihren eigenen Kopf haben – auch wenn sie etwas anderes wollen als ich.	○	○
3. Mal ein Kratzer an Möbeln oder Teppichen ist kein Problem.	○	○
4. Es stört mich nicht besonders, dass Katzen gelegentlich stärker haaren.	○	○
5. Für eine kranke Katze würde ich auf meine Urlaubsreise verzichten.	○	○
6. Es macht mir großen Spaß, eine katzengerechte Wohnungseinrichtung zu planen und zu realisieren.	○	○
7. Ich bin bereit, mehrere Hundert Euro pro Jahr für die Katze auszugeben.	○	○
8. Ich muss meine Lieblingsmusik nicht in voller Lautstärke hören.	○	○
9. Auch ein hyperaktives Kätzchen bringt mich nicht so schnell aus der Ruhe.	○	○
10. Ich kann mir sehr gut vorstellen, zwei Kätzchen aufzunehmen.	○	○

AUFLÖSUNG: »Ja« auf alle Fragen: Sie sind die ideale »Superkatze«! Ein bis zwei »Nein«-Antworten: Vielleicht ist eine ausgewachsene Katze der bessere Partner für Sie. »Nein« bei den Fragen 1, 2, 3, 5 und 7: Eine Katze ist nicht unbedingt »Ihr« Tier!

Die Grundausstattung

Ein herzliches Willkommen, Liebe und viel Verständnis sollte ein Kätzchen vorfinden, wenn es in die neue Menschenfamilie kommt. Und dann wären da noch ein paar Dinge, die für seinen ganz persönlichen Gebrauch bestimmt sind.

GROSSE EREIGNISSE wollen gut vorbereitet sein. Besorgen Sie deshalb die Grundausstattung, bevor Ihr Kätzchen bei Ihnen einzieht. So findet es gleich alles vor und wird sich schneller heimisch fühlen. Die Ausstattung erhalten Sie im Zoofachhandel, in den Heimtierabteilungen der Baumärkte oder Gartencenter und im Internet: Die Auswahl ist riesengroß, und Preisvergleiche lohnen sich.

Transportbox

Zu seinem ersten Ausstattungsstück wird Ihr Kätzchen wohl ein gespaltenes Verhältnis haben: Einerseits bietet die Transportbox Schutz und Zuflucht, andererseits steht sie für unliebsame Orts-veränderungen, Autofahrten, Tierarztbesuche oder Ähnliches. Doch Sie brauchen eine solche Sänfte für den sicheren Transport. Übrigens: Ein Kätzchen ohne Box im Auto mitzunehmen ist grob fahrlässig – es kann viel zu viel passieren. Am praktischsten sind Modelle aus Kunststoff mit Metallgittertür. Sie lassen sich leicht reinigen, falls dem kleinen Passagier Aufregung oder Autofahrt (oder beides) auf Magen, Darm oder Blase schlagen sollten. Einige Boxen lassen sich nicht nur nach vorn, sondern auch nach oben öffnen – so hat im Fall des Falles der Tierarzt einen besseren Zugriff auf seinen Patienten. Mit einer waschbaren Decke ausgestattet, wird die Kunststoffbox sogar ganz gemütlich. Die modernen Taschen aus Hightech-Materialien mit Netzeinsätzen sind eleganter und lassen sich dank Schultergurt angenehmer tragen – ein Vorteil auf Reisen oder bei der Benutzung von Bus und Bahn. Weidenkörbe mit Gittertür dagegen sind zwar hübsch, eignen sich aber besser als »Wohnhöhlen« für daheim (Tür aushängen). Als Transportbehälter sind sie unbequem in der Handhabung, und falls dem Kätzchen ein Malheur passiert, lassen sie sich nicht so leicht reinigen wie Kunststoffboxen. Im Übrigen kenne ich zumindest einen Kater, der solch ein Behältnis im zarten Alter von vier Monaten glatt »gesprengt« hat.

TIPP

Schlaue Klappe

Ganz neu ist eine elektronische Katzenklappe, die ohne Halsband und Sender funktioniert. Das integrierte Lesegerät liest die Nummer des der Katze vom Tierarzt eingesetzten Mikrochips und lässt nur die Katze(n) durch, auf deren Nummer(n) sie programmiert ist. Das System kostet rund 200 Euro.

▲

Ein schöner Liegeplatz fürs Kätzchen. Eine ganze Reihe anderer Ruheplätze wird es sich selbst erobern.

Katzenklappe

Ihr Kätzchen soll später einmal freien Ausgang haben? Dann überlegen Sie bitte, ob es sinnvoll wäre, eine Katzenklappe zu installieren. Diese entlastet Sie nicht nur von Türöffnerdiensten, sondern stellt auch sicher, dass Ihr Kätzchen jederzeit hinein kann – wichtig, wenn es einmal rasch Zuflucht nehmen muss. Es gibt allerdings mit Katzenklappen auch ein Problem: Durch die kleine Öffnung können neben der eigenen auch fremde Katzen in das »Heim erster Ordnung« eindringen. Nur in Ausnahmefällen sind das nette Nachbarschaftsbesuche, meist wird der rechtmäßige Revierbesitzer eingeschüchtert und zutiefst verstört. Abhilfe verschaffen spezielle Klappensysteme, die auf einen Sender im Katzenhalsband reagieren – sie verwehren fremden Katzen den Zu-

tritt. Mit dem Halsband ist aber leider auch eine gewisse Unfallgefahr verbunden. Einfacher ist es, wenn Sie Ihr Kätzchen nachts im Haus behalten und die Klappe bis zum Morgen auf »geschlossen« stellen, denn die »Einbrüche« der Fremden finden meist nachts statt.

(Fr)Essgeschirr

Futternäpfe gibt es in allen möglichen Ausführungen, vom einfachen Plastikschälchen bis hin zum noblen Modell aus Edelstahl. Sie haben also die Wahl, doch die ist indes nicht nur eine Frage des persönlichen Geschmacks.
Material: Plastiknäpfe sind allenfalls für Kurzzeitreisen (etwa falls Ihr Kätzchen

Was Kätzchen braucht
auf einen Blick

◀ Geschirr und Klo

Die Futternäpfe sind stabil, sodass Ihr Kätzchen sie nicht durch die Gegend schieben kann. Als Toilette wählen Sie ein kleineres Modell aus, damit der Tiger nicht ins Ungewisse springen muss.

Fell- und Krallenpflege ▶

Kamm und Bürste gehören zur Grundausstattung. Kratzrollen ersetzen zwar keinen Kletterbaum, sind aber dennoch sehr praktisch. Sie können Krallenschäden von den kostbaren Teppichen abwenden.

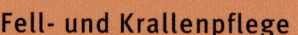

◀ Spielsachen

Bälle, Mäuse, Federn und Katzenangel – lauter feine Spielzeuge. Auch ein bisschen Luxus darf sein: In die »Villa Plüsch« kann sich das Kätzchen zurückziehen, wenn es vom Spielen müde wird.

an Ausstellungen teilnehmen sollte) zu empfehlen. Bei Dauergebrauch bekommt das Material irgendwann Risse, ist nicht mehr so gut zu reinigen und riecht nach »altem« Futter – nicht sehr appetitlich. Bei Porzellan-, Keramik- oder Edelstahlnäpfen tritt dieses Problem nicht auf. Die Näpfe sollten ein gewisses Eigengewicht haben oder mit einem Anti-Rutsch-Rand an der Unterseite versehen sein – es sei denn, Sie schauen (und hören) Ihrem kleinen Racker gerne zu, wenn er den leeren Napf quer durch den Raum schiebt.

Größe: Nehmen Sie lieber nicht die kleinsten Schälchen und achten Sie auf einen weiten Rand: Ihr Kätzchen wächst schnell und mit ihm auch der prachtvolle Schnurrbart. Der sollte beim Futtern möglichst nicht anstoßen.

Standort: Besorgen Sie einen Napf für Feucht- und einen für Trockenfutter. Beide werden am besten auf ein großes Tablett oder eine abwaschbare Matte gestellt: So gibt es keine Probleme, wenn einmal Futter über Bord geht. Ein guter Platz für den »Katzentisch« ist ein ruhiger Winkel in der Küche: Mitten im Geschehen und trotzdem geschützt und ungestört. Wasserschüsselchen stehen übrigens nicht auf dem »Katzentisch«, sondern sind an günstigen Stellen in der Wohnung verteilt.

Katzentoilette

Gleich bei seinem Einzug sollte Ihrem kleinen Saubermann ein Katzenklo ins Auge fallen: Ihr Kätzchen wäre nicht das erste, bei dem sich Fahrstress und Anspannung beim Toilettengang lösen. Besorgen Sie am besten gleich zwei Toilettenschalen oder, falls Sie sich für zwei Katzen entschieden haben, drei. Rüsten

▲

Besonders praktisch: eine Transportbox, die sich auch nach oben öffnen lässt.

Sie sich zuerst mit der Streu aus, die Ihr Kätzchen schon kennt. Katzenklos gibt es in reicher Auswahl, sogar Eckmodelle. Solange Ihr Kätzchen noch klein ist, braucht es ein Kistchen mit niedrigem Rand (ca. 10 cm), für später empfehlen sich größere und höhere Modelle. Toiletten mit einer Haube haben zwar den Vorteil, dass kaum Streu herausgescharrt werden kann, doch sie sind nicht bei allen Katzen beliebt. Der Grund dafür: Unter dem Dach halten sich die Gerüche. Bester Standort für das Klo: weit entfernt vom Futterplatz, ruhig und ohne viel »Fußverkehr«.

Kratzbaum & Co

Ganz gleich, ob Ihr Kätzchen später nach Herzenslust an Bäumen kratzen kann oder nicht – es muss auch im Haus seine Krallen wetzen können. Das dient

◄ *Prima Katzenmöbel: Kratz- und Kletterbaum mit vielen Sitzgelegenheiten.*

der »Waffenpflege« und der körperlichen Fitness, und zudem ist es auch wichtiger Teil des Markierungs- und Ausdrucksverhaltens. Wenn der kleine Mitbewohner tüchtig kratzt, sagt er damit auch: »Hier bin ich zu Hause, dies ist mein Revier.« Um das Heimatgefühl überhaupt zu entwickeln, muss er also von Anfang an Dinge vorfinden, die er ungestraft unter die Krallen nehmen darf. Wenn weder Ihre Polstermöbel noch Teppiche und Tapeten dazu gehören sollen, sorgen Sie am besten von vornherein für mehrere Wetzgelegenheiten.

Verschiedene Modelle: Die Auswahl an Kratzgelegenheiten ist groß. Sie reicht von Rollen, die auf den Boden gelegt werden (und vom Teppich ablenken), über Eckenschoner, Matten für die Wand, Pfosten und Bretter bis hin zum deckenhohen Kratz- und Kletterbaum

mit Sitz- und Liegeflächen auf mehreren Etagen. Neben Kratzmöbeln für den Dauergebrauch (meist mit Sisaltau umwickelt) gibt es auch Wetzgelegenheiten aus Wellpappe. Sie werden von manchen Katzen lieber angenommen als die Sisalmodelle, müssen aber ersetzt werden, wenn sie total abgewetzt sind. Für eine Wohnungskatze führt auf Dauer kein Weg am »Luxusmodell« vorbei – einem Kratz- und Kletterbaum.

Idealer Standort: Egal, für welches Modell Sie sich entscheiden – es sollte einen zentralen Platz in der Wohnung bekommen. So kann Ihre Samtpfote von dort aus ihr Revier aus mehreren Perspektiven in den Blick nehmen. Geschickte Heimwerker bauen ihr Traummodell selbst und machen mit Kletterseilen, Leitern und Höhlen einen richtigen Wohnbaum daraus. Zubehör gibt's im Fachhandel, im Gartencenter und in diversen Baumärkten. Vielleicht ein Projekt für später? Für den Anfang sollte auf jeden Fall ein standfester Kratzpfosten da sein und ein paar mobile Wetzgelegenheiten, die Sie bei Bedarf da einsetzen, wo sie gebraucht werden (etwa vor den Sofalehnen, falls Kätzchen dort Kratzversuche startet) oder auf dem Weg zwischen Schlaf- und Futterplatz. Dort zeigen Katzen gern einmal ihren Revieranspruch per Kralle an.

Pflege-Utensilien

Ein gesundes Kätzchen legt Wert auf ein tipptopp gepflegtes Fell und leistet den Löwenanteil dazu selbst – bis zu drei Stunden am Tag. Ganz ohne Hilfe geht es trotzdem nicht, vor allem nicht bei Langhaar- und Halblanghaarkätzchen. Um Ihre Samtpfote bei der Fellpflege zu unterstützen, brauchen Sie für langhaarige Tiere zwei Metallkämme mit runden Zinken – einmal eng, einmal weit. Außerdem eine weiche Drahtbürste und ein Trennmesser, mit dem Sie Filzknoten aufschneiden können. Kurzhaarkatzen benötigen vor allem zur Zeit des Fellwechsels ein wenig Hilfe: Mit Kamm (am besten mit beweglichen Zinken, weil der nicht ziept), Naturborstenbürste und eventuell noch einem Noppenhandschuh (angenehmer Massage-Effekt) kommen Sie gut aus. Falls Ihr Kätzchen nach draußen darf, sollte auch ein Floh- oder Nissenkamm zur Ungezieferkontrolle nicht fehlen.

Behagliche Ruheplätze

Sobald Ihr Kätzchen sich heimisch fühlt, sucht es sich selbst seinen Schlafplatz – am liebsten in Ihrer Nähe. Ein weich ausgepolstertes Körbchen sollten Sie ihm trotzdem gleich schon beim Einzug in Ihre Wohnung anbieten. »Körbchen« ist dabei nicht unbedingt wörtlich zu nehmen – Häuschen oder Höhlen aus weichem Material werden ebenfalls gern angenommen, denn sie bieten perfekte Rückzugsmöglichkeiten. Besonders wichtig ist ein solches Rückzugskörbchen, wenn Ihr Tiger Schlafzimmerverbot bekommen soll. Ein ruhiger, aber trotzdem nicht abgelegener Platz, weit genug weg vom Katzenklo, entspricht den Vorlieben der

1 Bequemer Ausguck Katzen lieben freie Sicht und schützende Höhlen. Das weich gepolsterte Schlafkörbchen mit dem Tatzenmuster bietet beides. Da fühlt sich Kätzchen wie im Himmelbett.

2 Umfunktioniert Selbst schmucklose Regalfächer werden mit einem weichen Ruhekissen zu attraktiven Plätzen. Zumal sich je nach Standort des Regals aus luftiger Höhe wunderbar beobachten lässt, was ringsherum passiert.

Samtpfoten am besten. Für den besseren Überblick darf das Schlafkörbchen auch gern ein bisschen höher stehen.

Ein paar Extraplätze

Verschiedene Aussichtsplätze auf dem Kratz- und Kletterbaum sind schön und gut, aber noch nicht genug. Kätzchens wilde Verwandte haben in ihrem Revier mehrere Orte zum gemütlichen Dösen. Warum sollte sich der Stubentiger mit weniger begnügen? Deshalb gehören auch ein paar pflegeleichte Decken und Kissen in die Grundausstattung. Viel-

leicht legen Sie schon einmal eine Decke auf den Schrank, ein Kissen auf die Fensterbank oder ins leer geräumte Regalfach. Oder Sie warten einfach ab, wo sich der Tiger bevorzugt niederlässt, und rüsten an diesen Orten dann entsprechend nach. Wer seinem Kätzchen im Winter einen Super-Luxus-Platz gönnen will, spendiert ihm eine der Plüsch-Liegemulden, die sich am Heizkörper befestigen lassen. Ebenfalls beliebt bei vielen Samtpfötchen: eine plüschige Hängematte.

An der Angel: Kätzchen lieben vor allem das Spielzeug, an dessen anderem Ende ihr Lieblingsmensch agiert.

▼

Spannende Spielsachen

Auch etwas Spielzeug sollte Ihr Kätzchen schon bei seinem Einzug vorfinden. Der Handel bietet eine schier unüberschaubare Fülle an: Hightech-Spielzeug und Althergebrachtes, Sinnvolles und Überflüssiges, Lustiges und Schrilles. Für den Anfang gilt allerdings das Motto »Weniger ist mehr«. Schließlich soll die kleine Samtpfote nicht total gelangweilt mitten in einem Riesenhaufen Spielzeug sitzen. Beschränken Sie sich auf ein bis zwei Plüschmäuse und ein paar weiche Bälle als »Beute-Ersatz« sowie einen Federwedel, mit dem Sie zum gemeinsamen Spiel locken. Dazu noch ein Solitärspiel mit Kratzmatte, Ball und Wedel oder ein Ball-Karussell, mit dem sich das Katzenkind eine Weile allein amüsieren kann. Mit der Zeit wird der Fundus ohnehin anwachsen. Besorgen Sie sich am besten auch gleich eine Aufbewahrungsbox. Darin sollten nicht nur Sachen verschwinden, mit denen nur unter Aufsicht gespielt werden darf, sondern auch »harmloses« Spielzeug, das von der Katze nicht mehr beachtet wird. Nach einiger Zeit »Kistenarrest« ist es wieder begehrt und interessant.

MEIN HEIMTIER

Spielkind oder Schmuser?

Manche Kätzchen können mit ihrem Menschen gar nicht genug schmusen. Andere entern den Schoß nur für kurze Schmuse-Attacken und sausen dann wieder davon oder stürzen sich begierig auf ihr Spielzeug. Welches Temperament hat Ihr Kätzchen?

Der Test beginnt:

○ Pusten Sie Seifenblasen in den Raum. Sprintet Ihr Kätzchen danach oder schmiegt es sich an Sie und sieht dem Flug der schillernden Kugeln zu?
○ Fegen Sie mit einem Besen über den Boden. Verfolgt Ihr Kätzchen ihn oder schaut es nur?
○ Setzen Sie sich mit einem Buch oder einer Illustrierten hin. Legt sich Ihr Kätzchen auf Ihren Schoß oder »interessiert« es sich erst einmal für Buch bzw. Illustrierte?

Mein Testergebnis:

Gefahren ausschließen: Ob gekauftes Spielzeug oder Alltagsgegenstände: Ihr Kätzchen spielt mit allem, was sich bewegt oder bewegen lässt. Stellen Sie sicher, dass nichts Scharfes und Spitzes dabei ist und nichts, was verschluckt werden könnte. Beachten Sie auch:

▶ Das Spielzeug sollte solide verarbeitet und frei von scharfen Kanten sein. Entfernen Sie Kunststoffnäschen und -augen von Plüsch- und Fellmäusen, da sie verschluckt werden und Verletzungen verursachen könnten.
▶ Das Gleiche gilt für Glöckchen und andere angenähte Kleinteile, z. B. an Catnip-Säckchen. Lieber weg damit!
▶ Federwedel sind häufig auch mit Stanniolstreifen bestückt – Gefahr für Magen und Darm. Bitte entfernen.

▶ Kein Spielzeug unter Tischtennisballgröße! Alles Kleinere könnte Ihr Kätzchen verschlucken.
▶ Katzenangeln verlocken Katzen zu akrobatischen Hochleistungen. Lassen Sie Ihr Kätzchen nicht ohne Aufsicht damit spielen – es könnte sich »verstricken« und dabei Körperteile abschnüren. Alles mit Schnüren und Bändern nach dem Spielen deshalb unter Verschluss halten.
▶ Wollknäuel dürfen nicht als Katzenspielzeug verwendet werden! Kätzchen könnten Wollfäden verschlucken – was schlimmstenfalls zum Darmverschluss führen kann.
▶ Kein »Wabbelzeug«! Auch Spielzeug aus Weichplastik ist eine große Gefahr für den Magen-Darm-Trakt.

Fragen rund um
Wohlfühlheim und Ausstattung

? Wir freuen uns auf unser Kätzchen, möchten aber nicht, dass es bei uns im Bett schläft. Jetzt raten uns Freunde, das Tierchen wenigstens in den ersten Nächten ins Schlafzimmer und auch zu uns ins Bett zu lassen, damit es die Trennung von seiner Mutter und den Geschwistern schneller überwindet. Sollen wir das wirklich machen?

Besser nicht. Es sei denn, Sie verzichten doch noch auf das Verbot. Wenn Sie das allerdings nicht wollen, müssen Sie sich von Anfang an freundlich, klar und konsequent durchsetzen. Anderenfalls weiß Ihr Kätzchen überhaupt nicht mehr, woran es ist. Führen Sie ein »Gute-Nacht-Ritual« ein: Sprechen Sie sanft und liebevoll mit dem Tierchen, streicheln Sie es, wenn es bereits Zutrauen gefasst hat, und reichen Sie ihm einen kleinen Leckerbissen (→ Seite 73), bevor Sie hinter der Schlafzimmertür verschwinden.

? Wir sind außer Haus berufstätig und haben zwei Kätzchen. Weil sie in unserer Abwesenheit schon viel Unsinn angestellt haben, dürfen sie sich jetzt tagsüber nur in der Diele aufhalten, die mit Kratzbaum, Toilette und Futterplatz ausgestattet ist. Die bislang völlig stubenreinen Kätzchen erleichtern sich jetzt auch außerhalb der Toilette, die wir selbstverständlich täglich säubern. Was haben wir falsch gemacht?

Ihre Kätzchen sind zutiefst verunsichert, weil ihr Revier plötzlich sehr stark eingeschränkt wurde. Erweitern Sie es wieder, diesmal am besten nach und nach – abrupte Veränderungen verstören. Manchen »Unsinn« können Sie von vornherein unterbinden: Zerbrechliches wegschließen, Mülleimer sichern, vielleicht auch einen Papierkorb mit Deckel verwenden. Zur Toilette: Ein Kistchen ist entschieden zu wenig, auch wenn Sie es täglich sauber machen. Über den Tag sammelt sich da doch einiges an, was kein Kätzchen gern an den Pfötchen hat. Eine Faustregel lautet: Immer eine Toilette mehr im Haus haben als Katzen – in Ihrem Fall wären das also drei. Für Ihre Kätzchen verdreifacht sich damit die Chance, auch nach Stunden noch ein relativ sauberes Katzenklo zur Verfügung zu haben.

? Ich halte nicht so viel von gekauftem Spielzeug. Mit welchen Alltagsdingen kann ich mein Kätzchen gefahrlos spielen lassen?

Da gibt es eine unendliche Auswahl: Wein- und Sektkorken, »Bälle« aus zusammengeknülltem Papier oder Alufolie, Walnüsse, leere Garnspulen, Papprollen (Toiletten- oder Küchenpapier), alte Kindersöckchen (gern mit Catnip gefüllt), Kartons jeder Größe, Raschelpapier, ausgelesene Zeitungen und, und, und … Ihrer Fantasie sind keine Grenzen gesetzt.

? Können wir den Transportkorb nicht auch als Schlafhöhle für unser Kätzchen benutzen?

Lieber nicht. Der Schlafplatz einer Katze gehört zum unantastbaren »Heim erster Ordnung« – und das sollte eine sichere Burg bleiben. Es spricht nichts dagegen, dem Kätzchen den Transportkorb angenehm zu machen, damit es sich gern darin aufhält und die »Sänfte« nicht nur mit dem Tierarztbesuch verbindet.

? Ich kann von Freunden auf dem Land echte Baumstämme bzw. schöne, dicke Äste bekommen. Was spricht dagegen, daraus einen Kratz- und Kletterbaum für unsere Wohnungskatzen zu bauen? Heimwerkergeschick und -ausrüstung sind vorhanden.

Die meisten Katzen nehmen echte Bäume – am liebsten mit borkiger Rinde – sehr gern an. Die Rinde ist dann auch das Einzige, was eventuell gegen die Verwendung in der Wohnung spricht – vorausgesetzt, Sie haben einen empfindlichen Teppichboden. Bei glattem Boden ist es kein Problem, Sie müssten dann nur in der Umgebung des Kratzbaums öfter fegen oder staubsaugen. Ihre Katzen werden nämlich hingebungsvoll an der Rinde kratzen, und dabei fällt immer einiges ab.

? Ich würde zu meinen beiden Samtpfoten gern noch zwei weitere Kätzchen gesellen. Sehr viel Platz gibt es in meiner Zwei-Zimmer-Wohnung allerdings nicht. Doch meine beiden Katzen sind verträglich.

Ich möchte lieber abraten. Ihre beiden Katzen haben sich offenbar gut arrangiert und fühlen sich wohl. Sie könnten aber durch die Neuzugänge völlig aus dem Gleichgewicht gebracht werden und ihre Verträglichkeit verlieren. Außerdem gibt es zu wenig Rückzugsmöglichkeiten für das einzelne Tier – über kurz oder lang würden sich alle vier nicht mehr wohlfühlen.

? Wie kann ich verhindern, dass unser Kätzchen in den Gardinen herumklettert?

Gardinenklettern ist eine Spezialität ganz junger Kätzchen – mit etwa zehn, zwölf Monaten hören die meisten damit auf (Ausnahmen bestätigen die Regel). Hängen Sie deshalb die Gardinen für Kätzchens wilde Kletterzeit ab oder binden Sie sie hoch.

? Wir wollen unseren Balkon mit transparenten Katzenschutznetzen sichern. Jetzt haben wir gehört, dass schwarze oder olivfarbene Netze unauffälliger sein sollen. Kann das sein?

Auch wenn es zunächst paradox klingt, es stimmt. Tages-, vor allem direktes Sonnenlicht wird von transparenten Netzen reflektiert. Deshalb fallen sie eher ins Auge als die anderen.

Willkommen kleine Mieze

Gut vorbereitet? Dann müssen Sie jetzt nur noch ein Kätzchen aussuchen, das zu Ihnen passt. Die Qual der Wahl ist Ihnen sicher – ebenso wie die Freude, sich bis über beide Ohren zu verlieben.

Der neue Mitbewohner – einfach zum Verlieben

Sie schließen einen Bund fürs Leben, wenn Sie sich für ein Kätzchen entscheiden. Damit eine für Mensch und Tier glückliche Beziehung daraus wird, gibt es vorher noch einiges zu prüfen – zum Beispiel die Herkunft des neuen Hausgenossen.

HABEN SIE FREUNDEN und Bekannten schon von Ihrem Plan erzählt, sich vierbeinigen Familienzuwachs zuzulegen? Dann bekommen Sie bestimmt Tipps von allen Seiten: Da war doch dieser Aushang beim Tierarzt, die Anzeige am Schwarzen Brett im Supermarkt, das Inserat in der Zeitung – und neulich, auf dem Bauernhof ... Immer wieder heißt es: »Kätzchen in gute Hände abzugeben«. Im Frühsommer und Herbst kommen noch Hilferufe von Tierheimen oder Tierschutzgruppen dazu, und vielleicht kennt der eine oder andere einen Züchter, der zauberhafte Rassekätzchen abzugeben hat. Wo soll man bei so viel Auswahl nur anfangen, sich umzusehen?

Wichtige Vorüberlegungen

Sobald Sie sich einen Wurf niedlicher Kätzchen angesehen haben, ist es schon um Sie geschehen: Entzückend sind sie alle. Aber nicht jedes Katzenkind passt zu jedem Menschen oder fügt sich in jede Familie ein. Dann heißt es am Ende erneut: »... in gute Hände abzugeben«. Und sowohl Sie als auch das Kätzchen haben eine schlechte Erfahrung mehr gemacht. Stellen Sie deshalb lieber vorher ein paar Überlegungen an.

Kater oder Kätzin

Die Frage »Junge oder Mädchen« gehört dazu. Lieb, verschmust und zauberhaft sind beide Geschlechter – und beide müssen später kastriert werden, wenn Sie nicht unter die Züchter gehen wollen. Gut zu wissen, falls Ihr Kätzchen später Freigang haben soll: Kätzinnen beanspruchen kein so großes Revier wie Kater und neigen weniger zu ausgedehnten Streifzügen. Kater dagegen zeigen Artgenossen gegenüber mehr Toleranz. Diese Überlegung wird wichtig, falls Sie zwei Kätzchen aufnehmen wollen. In der Regel vertragen sich zwei Kater auch als ausgewachsene Tiere besser als zwei

Im Doppelpack die Welt erobern: Zu zweit fällt Kätzchen die Trennung von der Kinderstube und die Eingewöhnung in der neuen Familie ein ganzes Stück leichter.

Kätzinnen. Bei gemischten Pärchen gibt es unterschiedlichste Erfahrungen. Brüderchen und Schwesterchen aus einem Wurf, die häufiger miteinander spielen oder kuscheln, sollten aber auch in der neuen Familie gut miteinander auskommen. Sprechen Sie mit dem Tierarzt über den richtigen Zeitpunkt für die Kastration, falls Sie sich für diese Kombination entscheiden sollten.

Ein Kätzchen soll es sein: Ihre Entscheidung für ein Katzenkind steht fest. Überlegen Sie aber vorab, wie wichtig es Ihnen ist, dass der neue Hausgenosse sich von Anfang an als zutraulich und zärtlich erweist. Dass er unbefangen auf Kinder zugeht und gut mit ihnen klarkommt. Dass sein Nervenkostüm einem turbulenten Familienleben und den unvermeidlichen Haushaltsgeräuschen (Staubsauger) gewachsen ist. Sind Ihnen all diese Kriterien wichtig? Dann achten Sie bitte darauf, dass Ihr Kätzchen in

WUSSTEN SIE SCHON, DASS ...

... ein Rassekätzchen seinen Preis haben muss?

Katzenzucht ist teuer: Hohe Ausgaben fallen für hochwertiges Futter, Gesundheits- und Vereinskosten sowie Deckgebühren an. Ebenfalls für die obligatorische Teilnahme an Ausstellungen: Nur Tiere, die dort sehr gut bewertet werden, erhalten die Zulassung zur Zucht. Ein Preis von 600 bis 800 Euro für ein Kätzchen ist daher nicht zu hoch gegriffen, sondern realistisch. Billigangebote dagegen können nicht seriös sein – also Vorsicht!

Katzenkind oder Teenie

Noch haben Sie Zeit, sich eine wichtige Frage zu stellen: Wollen und können Sie sich wirklich auf ein Katzenkind oder gar auf zwei mit ihrer unbändigen Energie einlassen? Kein Zweifel, die Kleinen machen viel Freude. Aber sie können auch sehr anstrengend sein mit ihrer grenzenlosen Neugier und ihrem Tatendrang. Wäre ein erwachsenes Tier vielleicht der bessere Gefährte? Oder zumindest eine Katze, die mit zehn bis zwölf Monaten die wilde Zeit und die »Pubertätswirren« bereits hinter sich hat?

einer liebevollen Umgebung mit Familienanschluss aufgewachsen ist, gelernt hat, Menschen zu vertrauen und in der Prägezeit gute Erfahrungen mit Kindern gemacht hat (→ ab Seite 109).

Eine Katze für die Wohnung

Soll sich das künftige Revier Ihres Kätzchens auf die Wohnung beschränken? Wählen Sie dann bitte ein Tier, das noch keine Erfahrungen mit der verlockenden Welt draußen gemacht hat. Andernfalls könnte sein Freiheitsdrang zum Problem werden. Ein Kätzchen vom Bau-

Ideal als Doppelpack: ein Schmuser und ein Spielteufelchen. **Ihre unterschiedlichen Vorlieben** entschärfen mögliche Eifersuchtsprobleme.

ernhof wäre daher nicht der geeignete Hausgenosse. Vielleicht aber ein kleiner Vertreter aus der Rassekatzenliga – etwa eine Perser, Britisch Kurzhaar, Birma oder Kartäuser (→ ab Seite 23).

Ein Rassekätzchen

Ein Hauskätzchen kann Sie – was sein Aussehen und die Charakterentwicklung betrifft – ganz schön überraschen. Ein Kätzchen aus dem »Adel« dagegen zeigt die typischen Eigenschaften seiner Rasse, sowohl im Aussehen als auch im Charakter. Ruhig oder temperamentvoll, unternehmungslustig oder verschmust, fordernd oder zurückhaltend: Sie können sich das Tier aussuchen, das am besten zu Ihnen und in Ihr Umfeld passt. Individuelle Unterschiede gibt es natürlich trotzdem, denn jedes Rassekätzchen ist eine eigene Persönlichkeit.

Ein Tier aus dem Heim

Vielleicht interessieren Sie ja gerade die »schwierigeren« Fälle – Kätzchen, die im Tierheim gelandet sind, oder solche, die beim Bauern gerade einmal das (Scheunen-)Dach überm Kopf und ein bisschen Futter haben. Auch solche Tiere können sich zu wahren Prachtkatzen entwickeln, die ihrem Menschen liebevoll ergeben sind. Aber: Es dauert etwas länger, bis sie Vertrauen fassen, und sie schenken es in aller Regel nur einem Menschen. Unkomplizierte Familienkatzen werden aus ihnen nur selten. Das ist kein Problem, wenn Sie sich darauf einstellen können.

Weitere Überlegungen

Können Sie einem Kätzchen Beständigkeit bieten? Falls ein Umzug oder andere größere Veränderungen anstehen, warten Sie besser mit der Anschaffung, bis es bei Ihnen wieder ruhiger zugeht. Ist Ihr Vermieter mit der Katzenhaltung einverstanden? Bitte klären Sie dies rechtzeitig ab. Ebenso, ob in Ihrer Familie Personen mit einer Katzenhaarallergie leben. Wenn Sie sich nicht sicher sind, sollten sich die Personen lieber testen lassen. Gibt es jemanden, der Ihr Tier versorgt, wenn Sie nicht da sind? Und nicht zuletzt die »Mäusefrage«. Gut 500 Euro pro Jahr für Futter, Streu, Tierarztkosten und kleine Extras kommen leicht zusammen. Alles kein Problem? Dann viel Glück bei der »Partnersuche«!

Liebe, Pflege und bestes Futter: Ein guter Züchter lässt es den Kätzchen an nichts fehlen.

Eine gute Kinderstube erkennen

Wenn Sie das Kätzchen bei einem Züchter kaufen, so prüfen Sie das Umfeld, in dem es seine ersten Lebenswochen verbrachte.

○ Katzen und Kätzchen haben vollen Familienanschluss.

○ Schlaf- und Futterplätze sowie auch die Katzentoiletten sind sauber und hygienisch gehalten.

○ Die Kätzchen werden frühestens mit zwölf Wochen abgegeben.

○ Der Züchter fragt genau nach, wie das Kätzchen bei Ihnen leben wird.

○ Die Kätzchen sind tierärztlich versorgt und haben alle nötigen Impfungen.

Wichtig ist die Kinderstube

So ungerecht es auch sein mag: Über den Lebenserfolg eines Menschen entscheidet oftmals seine Kinderstube. Wer aus einem »guten Stall« kommt, bewegt sich nicht nur auf glattem Parkett sicherer, sondern entwickelt auch ein ganz anderes Selbst- und Weltvertrauen als jemand, der schon seit frühester Kindheit und Jugend nur den Kampf ums Dasein kennt. Bei Katzenkindern gibt es dazu gewisse Parallelen.

Die Glückspilze: Kätzchen, die wohlbehütet bei einer ebenso wohlbehüteten Katzenmama aufwachsen und den Menschen frühzeitig als positiven Sozialpartner kennenlernen, haben nicht nur gelernt, wie man sich seinen Artgenossen gegenüber verhält. Sie sind auch im Umgang mit Menschen unkompliziert und unbefangen. Mit diesem Grundkapital an Menschenvertrauen erobern sie rasch die neue »Superkatze« und kommen meist gut in der neuen Heimat zurecht.

... und die anderen: Trächtige Katzen, die ohne menschliche Obhut leben und sich mehr schlecht als recht von Selbstgefangenem und Abfällen ernähren, übertragen Stress und Ängste schon im Mutterleib auf ihren Nachwuchs. Ihre Menschenscheu geben sie später auch an die Jungen weiter. Zudem sind die Kleinen wegen schlechter Ernährung und mangelnder Pflege großen Entwicklungsnachteilen ausgesetzt. Misstrauen gegenüber dem Menschen geben aber auch Katzenmütter weiter, die schlechte Erfahrungen mit ihm gemacht oder ihn nicht von seiner liebevollen Seite kennengelernt haben. Solche Kätzchen brauchen sehr lange, um aufzutauen und sich für einen Menschen zu erwärmen. Ein Happy End ist natürlich ein besonderes Erfolgserlebnis, setzt aber geradezu unendliche Geduld und möglichst schon einige Erfahrung mit Katzen voraus.

Die »goldene Regel«

Suchen Sie sich Ihr Kätzchen unbedingt dort aus, wo es mit Mutter und Geschwistern lebt. Im Idealfall wechselt es so aus der Geborgenheit der Kinderstube in die Geborgenheit seiner neuen Familie. Jede Zwischenstation bedeutet dagegen einen Verlust von Geborgenheit und damit Stress. Zudem wird das Tier so einem größeren Infektionsrisiko ausgesetzt. Kaufen Sie also kein Kätzchen in der Tierhandlung, auf der Katzenausstellung oder auf irgendwelchen Straßenmärkten. Ebenso sollten Sie lieber darauf verzichten sich für ein Tier zu entscheiden, wenn Sie Zweifel an der Kinderstube haben oder sich unsicher sind, ob die Tiere wirklich gut gehalten werden. **Tierheime und Tierschutzgruppen** mögen nicht ganz der »goldenen Regel« entsprechen. Doch wenn die Mitarbeiter sich dort engagiert und liebevoll um ihre Schützlinge kümmern, Ihnen gute Tipps geben können und die tierärztliche Versorgung stimmt, macht das Vieles wett. Wenn Sie sich einer etwas schwierigeren Aufgabe gewachsen fühlen, können Sie dort durchaus Ihr Kätzchen fürs Leben finden.

Die Qual der Wahl ...

... bleibt Ihnen auch in einer guten Katzenkinderstube nicht erspart. Soll's der vorwitzige kleine Kobold sein oder das sanfte Schnurrpeterchen? Das Tigerchen oder das schwarz-weiß Gefleckte? An-

geblich soll man ja von der Fellfarbe auf den Charakter schließen können. So sollen schwarze Katzen ausgesprochen mutig sein, schwarz-weiße sensibel und verschmust, rote im Gegensatz zu grau getigerten ausgesprochen häuslich ... Vergessen Sie's! Das Verhalten der Kleinen sagt viel mehr über ihren Charakter aus. Nehmen Sie sich deshalb viel Zeit und beobachten Sie die ganze Bande eine Weile. Gibt es zwei, die immer wieder miteinander spielen und mittendrin aneinandergekuschelt einschlafen? Das könnte Ihr »Doppelpack« sein! Setzen Sie sich zu den Kätzchen auf den Boden und warten Sie in aller Ruhe ab. Wer kommt zu Ihnen? Wer geht am ehesten auf Ihre Spielangebote ein? Wer schnurrt Sie an? Ist da vielleicht ein Kätzchen, das immer wieder Ihre Nähe sucht? Sieht ganz so aus, als hätte da jemand den Spieß umgedreht und sucht sich nun seinen Menschen aus, anstatt sich aussuchen zu lassen. Ein Kätzchen, das weiß, was es will! Finden Sie es hinreißend? Dann lassen Sie sich ruhig erobern!

So zufrieden und geborgen fühlen sich die Katzenmama und ihr Nachwuchs nur, wenn der Züchter ihnen ganz selbstverständlich den Familienanschluss gewährt.

Ein gesundes Kätzchen erkennen

Ist das Kätzchen, das Sie gern in Ihren Haushalt aufnehmen wollen, auch gesund? Alles spricht dafür, wenn ...

○ ... es sich munter und neugierig verhält. Vorsicht, wenn es auf Ihre Spielangebote überhaupt nicht reagiert.

○ ... es Sie aus klaren Augen ohne Tränenfluss und Verkrustungen anschaut. Vorsicht, wenn die Nickhaut (das dritte Lid) zu sehen ist (deutet auf eine Infektion hin).

○ ... sein Näschen sauber ist. Ob es leicht feucht und kühl oder eher warm und trocken ist, spielt keine Rolle – Hauptsache frei von Ausfluss und nicht rissig.

○ ... es saubere und geruchsfreie Ohrmuscheln hat. Unangenehmer Geruch deutet auf einen Ohrmilbenbefall hin.

○ ... es einen straffen, festen Körper und ein weiches, aber nicht schlaffes oder aufgetriebenes Bäuchlein hat.

○ ... es rosa Zahnfleisch und weiße Zähne hat. Unangenehmer Geruch aus dem Mäulchen deutet auf eine Entzündung hin.

○ ... das Fell duftig und nicht verfilzt ist.

○ ... unter dem Schwänzchen alles sauber ist, und das Kätzchen dort weder Verkrustungen noch Ablagerungen aufweist.

Wenn die »Chemie« nicht stimmt:
Falls Sie wider Erwarten keinen »Draht« zu den Katzenkindern finden, haben Sie vielleicht einfach nur einen schlechten Tag erwischt. Vereinbaren Sie also einen neuen Besuchstermin. Sollte auch dann der Funke nicht überspringen, suchen Sie lieber anderswo weiter.

Ein Kätzchen vom Züchter

Ein Rassekätzchen erwerben Sie am besten bei einem seriösen Züchter. Informieren Sie sich zunächst über die bevorzugte Rasse. Besuchen Sie doch auch einmal eine Katzenausstellung (→ Tipp, Seite 23) und erkundigen Sie sich bei einem der anerkannten Verbände (→ Seite 141) nach Adressen von Züchtern in Ihrer Nähe. Vielleicht werden Sie auch im Anzeigenteil eines Katzenmagazins fündig (→ Seite 142) oder im Internet. Ein Züchter, dem Sie vertrauen können, betreibt seine Zucht als ernsthaftes Hobby, nicht als Geschäftsidee. Dass er Kätzchen nicht zu Billigpreisen weggeben kann, steht auf einem anderen Blatt (→ Seite 50). Er legt Wert auf eine exzellente Kinderstube für seine kleinen Schützlinge (→ Checkliste, Seite 52) und ist an ihrem weiteren Werdegang interessiert. Er wird Ihnen kein Kätzchen ohne Kaufvertrag und Papiere (Ahnentafel, Gesundheitsattest, Impfzeugnis) anvertrauen. Überdies gibt er Ihnen eine Gesundheitsgarantie.

Einen guten Züchter erkennen

▸ Er ist einem anerkannten Verband angeschlossen und muss sich damit auch an dessen Auflagen halten.
▸ Er verpflichtet sich im Vertrag, das Kätzchen zurückzunehmen, falls Sie es nicht behalten können.

Zwei, die sich bestens verstehen: Kind und Kätzchen als »Dreamteam«. ▶

- ▶ Er verpflichtet Sie, das Kätzchen innerhalb einer gewissen Zeit dem Tierarzt vorzustellen.
- ▶ Er vereinbart mit Ihnen, dass Sie auch weiterhin in Kontakt bleiben.
- ▶ Er lässt sich von Ihnen vertraglich zusichern, dass Sie das Kätzchen unfruchtbar machen lassen.
- ▶ Er bietet Ihnen an, das Kätzchen zum Abgabezeitpunkt selbst bei Ihnen abzuliefern (weil er natürlich sehen möchte, wie sein Schützling in seinem neuen Heim leben wird).
- ▶ Er gibt Ihnen ein »Starterpaket« für die ersten Tage mit auf den Weg. Das ist ausgezeichnet, denn anfangs sollte Ihr neuer Hausgenosse das Futter bekommen, das er aus seiner Kinderstube kennt, und auch die gleiche Streu.

Hauptsache gesund

Selbstverständlich möchten Sie sich ein gesundes Kätzchen aussuchen. Hier zeigt sich wiederum, wie wichtig eine gute Kinderstube ist: Verantwortungsbewusste Katzenfreunde beugen Gesundheitsgefahren (Parasitenbefall, Infektionen, Bindehautentzündungen) durch gute Pflege, Hygiene und, wenn nötig, Tierarztbesuche vor. Züchter sind zu umfassenden tierärztlichen Untersuchungen der Kätzchen verpflichtet, bevor sie Abnehmern die Gesundheitsgarantie geben dürfen. Auch Tierheimkätzchen stehen unter tierärztlicher Kontrolle – Sie müssen also nicht befürchten, sich von dort ein krankes Tier nach Hause zu holen. Bei Kätzchen aus schwierigen Verhältnissen – dazu gehören auch die Tiere aus der Bauernscheune – ist es schon diffiziler. Sie haben höchstwahrscheinlich Flöhe und Würmer, doch das bekommen Sie leicht mit Tierarzthilfe in den Griff. Die Gefahr von Infektionen oder Mangelkrankheiten ist bei so »unbehüteten« Tieren ebenfalls höher. Lassen Sie solch ein Kätzchen umgehend vom Tierarzt untersuchen und halten Sie es in einem Raum für sich, bis feststeht, dass es nichts Ansteckendes hat. Eine Reihe sichtbarer Gesundheitsmerkmale können Sie leicht selbst prüfen, wenn Sie sich Ihr Kätzchen aussuchen. (→ Checkliste, links). Viele Krankheiten jedoch bleiben für uns Laien lange unsichtbar. Ein sorgfältiger Gesundheitscheck beim Tierarzt erspart Ihnen eine Menge Sorgen. Und falls tatsächlich etwas nicht in Ordnung ist: Früherkennung verbessert die Heilungschancen.

Zwei Kätzchen für die Kinder

Wir erwarten demnächst vierbeinigen Familienzuwachs: zwei Britisch-Kurzhaar-Kätzchen. Damit erfüllen wir unseren Kindern Ben (10) und Marie (8) einen großen Wunsch. Die beiden freuen sich auf ausgiebiges Schmusen und Spielen. Hoffentlich »überfallen« sie die Kleinen nicht gleich bei der Ankunft und verschrecken sie damit.

WENN SIE DIE BEGEGNUNG gut vorbereiten, wird das sicher nicht passieren. Mit einer kleinen Übung lässt sich vielleicht Ihre konkrete Befürchtung ausräumen: Bitten Sie zunächst Marie, sich auf alle viere niederzulassen, das Gesicht dicht über dem Boden zu halten und so die Perspektive eines Kätzchens einzunehmen. Ben soll dann auf sie zu rennen; danach spielt Ben das Kätzchen, und Marie rennt auf ihn zu. Die Übung zeigt besser als lange Erklärungen, wie bedrohlich allzu stürmische Begeisterung auf ein Kätzchen wirken kann. Trotzdem müssen auch einige Erklärungen sein. Lockern Sie aber die trockene Theorie immer wieder durch interessante Praxisbeispiele auf. Etwa, indem Sie Ben und Marie so weit wie möglich in die Vorbereitungen einbeziehen und beide mitreden lassen, wenn es um den Kauf der Ausstattung geht. Überlegen Sie gemeinsam, wo die einzelnen Stücke ihren Platz finden.

Die Kätzchen gehören zur Familie

Machen sie Ihren Kindern klar, dass die Kätzchen Quasi-Familienmitglieder und Wesen mit eigenen Bedürfnissen sind, nicht etwa »Besitz«. Das läuft dem Wunsch nach einem eigenen Haustier nur scheinbar zuwider. Übertragen Sie Ihren Kindern die »Patenschaft« für jeweils ein Kätzchen und lassen Sie beide auch bei der Versorgung der Tiere helfen. So können sie gleich eine gewisse Verantwortung übernehmen. Dass die Hauptverantwortung für den vierbeinigen Familienzuwachs trotzdem bei Ihnen bleibt, haben Sie sicherlich bereits akzeptiert. Und sicher wissen Sie auch, wie wichtig Ihr Vorbild für einen behutsamen und rücksichtsvollen Umgang mit den Tieren ist.

Lernen mit dem Katzenquiz

Bevor die Kätzchen einziehen, sollten Ihre Kinder gründlich über die Vorlieben und Abneigungen der samtpfotigen Mitbewohner informiert sein, die Signale der »Katzensprache« (→ Seite 114/115) deuten können und auch ein bisschen Hintergrundwissen über die Rasse erworben haben. Verpacken Sie die Lernschritte am besten in ein Spiel. Wie wäre es etwa mit einem mehrteiligen Katzenquiz, bei dem für den Sieger oder die Siegerin ein kleiner Preis ausgesetzt ist? Es macht vielleicht ein bisschen Mühe, Fragen und Antworten zusammenzustellen, hat aber den Effekt, dass nicht nur Ihre Kinder, sondern auch Sie selbst bestens informiert und vorbereitet sind, wenn die beiden Kätzchen ins Haus kommen. Was soll dann noch schiefgehen?

Die Eingewöhnung

Sie haben sich gut auf den großen Tag vorbereitet – jetzt dauert es allenfalls noch ein paar Stunden, bis das Kätzchen sein neues Heim betritt. Ganz schön aufregend für alle Beteiligten. Umso wichtiger ist, dass Sie jetzt die Ruhe bewahren.

DER GROSSE MOMENT ist da: Ihr Kätzchen wird zu Ihnen gebracht, oder Sie holen es selbst von seinem Vorbesitzer ab. Im zweiten Fall brauchen Sie außer einem großzügigen Zeitrahmen dreierlei: ein Auto, einen Transportbehälter und jemanden, der Sie auf der Fahrt begleitet. So kann sich einer auf das Fahren konzentrieren, während der andere dem oder den Kätzchen im Transportkorb gut zuredet. Fahrten mit öffentlichen Verkehrsmitteln vermeiden Sie fürs Erste besser: Die vielen Menschen, der Lärm, vielleicht auch mitfahrende Hunde – das ist dann doch zuviel Aufregung für die kleinen Katzen.

Heimatgeruch mitnehmen

Doch der Reihe nach: Zuerst einmal gilt es, das Kätzchen abzuholen. Vereinbaren Sie mit dem Vorbesitzer einen Termin, zu dem Sie beide Zeit haben, denn Übergaben zwischen Tür und Angel bedeuten Stress für alle Beteiligten. Nehmen Sie die Transportbox mit in die Wohnung und stellen Sie den Behälter offen hin – sodass die ganze Katzenfamilie Zugang hat und die Sänfte ausgiebig beschnuppern und vielleicht auch darin spielen kann. So nimmt sie schon einmal ein bisschen »Heimatgeruch« an. Währenddessen können Sie noch offene

Fragen klären, sich Tipps über die Fütterung etc. geben lassen, und vielleicht spendiert der Vorbesitzer noch ein »Schmusetuch« oder ein altes Kissen, das den Nestgeruch aus der Katzenkinderstube an sich trägt.

Eine Sänfte für die Reise

Im Auto bleibt das Kätzchen im geschlossenen Transportkorb. Aufgeregte Tiere, die frei im Fahrgastraum umherturnen, sind ein zu großes Sicherheitsrisiko. Und aufregend ist die Reise ins Ungewisse für den oder die kleinen Vierbeiner auf jeden Fall: Herausgerissen aus der Geborgenheit der Kinderstube, weg von Mutter und Geschwistern, umgeben von fremden Gerüchen und Geräuschen – da kann sich schon Panik breitmachen! Beruhigender Zuspruch und eine Menschenhand zum Beschnuppern helfen. Mutige Minitiger haben vielleicht Spaß daran, nach einem durch das Gitter geschobenen Wedel zu tatzen. Und natürlich hilft auch das »Stückchen Heimat« (die alte Decke) dem Kätzchen, die Box als sichere Sänfte zu empfinden. Ein gleichmäßiges Motorengeräusch ist für viele Katzen übrigens gar nicht unangenehm, laute Musik mögen sie dagegen überhaupt nicht. Lassen Sie also besser das Autoradio während der Heimfahrt aus.

Erst einmal ankommen

Geschafft! Kätzchens erste Reise ist zu Ende, aber bis es wirklich in seinem neuen Zuhause angekommen ist, braucht es noch ein wenig Hilfe von Ihnen. Ein Wochenende sollten Sie mindestens für Kätzchens Einzug reserviert haben, ein paar Tage Urlaub wären perfekt. Langweilig wird es ganz bestimmt nicht.

Empfangsvorbereitung

Für die ersten Stunden haben Sie bereits alles vorbereitet (→ ab Seite 38). Falls bei Ihnen viel Betrieb herrscht, Sie sehr lebhafte Kinder haben und vielleicht noch andere Tiere zur Familie gehören, bekommt das Kätzchen erst einmal seinen eigenen, separaten Empfangsraum. Statten Sie diesen mit Körbchen, Futterplatz, Wassernapf, Toilette und selbstverständlich auch mit einer einladenden Kratzgelegenheit aus.

Ebenso sollten Sie verfahren, wenn die Wohnung sehr groß und unübersichtlich oder das Kätzchen außergewöhnlich schüchtern ist. Es darf sich sein neues Terrain dann Zimmer für Zimmer erobern. Manche werden übrigens

erst im Schutz der Nacht mutig, wenn die Zweibeiner schlafen. Haben Sie das Gefühl, Ihr Kätzchen könnte solch ein Nachtwandler sein, öffnen Sie die Tür vor dem Schlafengehen einen Spalt weit. Halten Sie aber alle Räume geschlossen, die es (noch) nicht erkunden soll.

Die Ankunft

Wollen Sie der kleinen Samtpfote von Anfang an die ganze Wohnung zeigen? In diesem Fall haben Sie die Ausstattungsstücke bereits an ihren Platz gestellt und alles gesichert. Bringen Sie die Transportbox samt Kätzchen in die Wohnung und versichern Sie sich, dass alle Fenster und die nach draußen führenden Türen geschlossen sind. Öffnen Sie dann die Klappe und warten Sie in aller Ruhe ab, was passiert. Bitten Sie auch die übrigen Mitglieder des »Empfangskomitees«, vor allem Ihre Kinder, um Zurückhaltung.

Hilfe aus dem Hintergrund

Setzen Sie sich hin, trinken Sie Kaffee, unterhalten Sie sich – kurzum, tun Sie so, als seien Sie an dem Katzenkind gar nicht besonders interessiert. Das ist schwierig genug. Sie werden aber für Ihre Mühe reichlich entschädigt: Es macht einfach Spaß zu beobachten, wie sich so ein Katzenkind erst ganz vorsichtig und dann immer kühner seine neue Welt erobert.

Behalten Sie das Kätzchen im Auge, wenn es sich aus seinem Transportkorb herausgetraut hat. Sollten Sie sich gleich für zwei Tiere entschieden haben, werden Sie darauf nicht lange warten müssen: Gemeinsam ist man mutiger! Zeigen Sie dem oder den Kätzchen die Toilette (falls sie noch nicht entdeckt worden ist) und bieten Sie ihm oder

---

TIPP

Der richtige Name

Verlockend soll es klingen, wenn Sie Ihr Kätzchen rufen. Alles, was sich so zärtlich aussprechen lässt wie »Liebling«, kommt gut an, denn es erinnert an die hellen Lockrufe der Katzenmutter. Aufmerksam werden Kätzchen auch, wenn der Katzengrußlaut »Murr« ertönt. Wählen Sie am besten einen zweisilbigen Namen.

Wer so liebevoll auf das Kätzchen eingeht, muss nicht lange warten, bis es zur »Nasenbegrüßung« kommt.

ihnen ruhig etwas zu futtern an. Drängen Sie aber nicht, falls noch der Hunger fehlt. Sie können Ihr Samtpfötchen auch zu einer Spielrunde auffordern, z. B. mit dem Wedel oder einer weichen Kordel, die Sie auf dem Boden schlängeln lassen – natürlich völlig unverbindlich. Erzwingen Sie nichts und starten Sie keine hektischen Suchaktionen, falls das Katzenkind sich unsichtbar macht – die Unbedenklichkeit möglicher Verstecke haben Sie ja vorher überprüft. Wenn Ihr neuer Familienzuwachs seine neue Heimat in aller Ruhe selbst entdecken darf, ist die Neugier stärker als die Angst, und es wird schneller auf Sie zukommen. Manche Kätzchen lassen sich nicht lange bitten. Das hängt auch von ihrer Prägephase (→ ab Seite 109) ab. Haben die Kätzchen in dieser Zeit viel Zuwendung erhalten und sind vielleicht schon an Kinder gewöhnt worden, zei-gen sie kaum Scheu und kommen sehr schnell zum Spielen und Schmusen. Andere brauchen halt ein bisschen länger. **Kätzchen im Bett:** Eine wichtige Entscheidung müssen Sie bereits am Ankunftstag treffen: Darf Ihr Heimtiger mit ins Schlafzimmer? Falls ja, müssen Sie auf Bettbesuche gefasst sein. Und lassen Sie Ihre Füße unter der Decke – sonst fasst der Beutegreifer zu.

Die ersten Tage

Es kann sein, dass Ihr Kätzchen sich in den ersten Tagen bevorzugt unter dem Sofa oder in anderen Verstecken aufhält. Macht nichts! Sprechen Sie freundlich mit ihm, locken Sie es zum Spiel, lassen

Glücklich sind Kätzchen dran, die sich nach Herzenslust draußen tummeln können. Glücklich auch der Mensch, der seinen Tieren ein kleines Gartenparadies bieten kann, ohne Gefahren befürchten zu müssen.

Sie es an Ihrer ausgestreckten Hand schnuppern, bieten Sie Futter aus der Hand an – aber widerstehen Sie der Versuchung, das Tierchen einfach zu greifen. Blinzeln Sie beim Blickkontakt – das entspricht in Katzenkreisen einem Lächeln und der Versicherung: »Ich will dich nicht bedrängen« oder »Du kannst mir vertrauen«. Gehen Sie nicht wortlos an Ihrem neuen Mitbewohner vorbei. Befreundete Katzen grüßen einander mit einem kurzen, hellen Gurrlaut, wenn sich ihre Wege kreuzen. Sagen Sie »Hallo« – oder »Murr«, wenn Sie es auf Kätzisch probieren wollen.

Anfangs viel Ansprache

Leisten Sie Ihrem Kätzchen oft Gesellschaft, falls es den separaten Raum länger als ein paar Stunden in Anspruch nehmen muss. Setzen Sie sich auf den Boden, erzählen Sie ihm viel. Worüber Sie sprechen, ist nicht so wichtig, entscheidend ist der liebevolle Klang Ihrer Stimme. Außerdem wird Ihr Schützling durch Ihre Besuche immer vertrauter

mit der Welt jenseits der Tür – schon wegen der Gerüche, die Sie jedes Mal mit in das Zimmer bringen.
Ob separiert oder mittendrin – auch kleine Kätzchen sind »Gewohnheitstiere«: Ein geregelter Tagesablauf mit pünktlichen Mahlzeiten trägt zu Wohlgefühl und Entspannung bei – und damit auch zum Menschenvertrauen.

Die ersten Wochen

In den nächsten Wochen soll Ihr Kätzchen lernen, sein Heim als »sichere Burg« zu betrachten, als Kernrevier. Das kann es freilich nur in einer verlässlichen Umgebung. Lassen Sie die Wohnung deshalb erst einmal, wie sie ist, und sehen Sie von größeren Möbelumstellungen, Verschönerungsaktionen oder Renovierungen ab. Auch so muss die kleine Samtpfote schon genug neue Eindrücke verarbeiten.
Über kurz oder lang hat Ihr neuer Hausgenosse das aber geschafft und will nach guter alter Katzensitte sein Revier

erweitern – jenseits der Haustür. Lassen Sie ihn nicht zu schnell hinaus, selbst wenn die Voraussetzungen für den Freilauf (→ ab Seite 31) gegeben sind. Drei bis vier Wochen Eingewöhnungszeit drinnen braucht Ihr Kätzchen schon. Es wird sich zudem leichter orientieren, wenn es in seinem »Kernrevier« wirklich jeden Winkel kennt und alle Gerüche und Geräusche einordnen kann. Bevor Sie den Freilauf gestatten, sollte das Kätzchen geimpft (→ Seite 81–83), mit einem Mikrochip unter der Haut gekennzeichnet und bei einer der zentralen Datenbanken (TASSO, Deutsches Haustierregister; → Seite 141) registriert sein. Falls es doch einmal verloren geht, haben Sie so wesentlich größere Chancen, es zurückzubekommen.

Der erste Freilauf

Vermutlich fühlen Sie sich wie Eltern eines unternehmungslustigen Teenagers, wenn Ihr Kätzchen den ersten Ausgang erhält. Kommt es heil zurück? Was kann man tun, um sich die Wartezeit erträglicher zu machen? Lässt es sich von der großen, weiten Welt da draußen so sehr verlocken, dass es das Heimkommen vergisst? Haben Sie ein bisschen Vertrauen. Lassen Sie es am besten nicht nach der Mahlzeit hinaus, sondern davor. Wenn sich der Hunger meldet, lockt der heimische Futternapf. Und wenn Sie zu den Mahlzeiten ein Tischglöckchen läuten, zaubert das Bimmeln den kleinen Abenteurer schnell herbei, falls er tatsächlich einmal das Heimkommen vergessen hat.

MEIN HEIMTIER

Hat sich mein Kätzchen gut eingewöhnt?

Benimmt sich Ihr Kätzchen schon wie ein Revierbesitzer oder fremdelt es noch in seinem neuen Heim? Der Test zeigt Ihnen, ob sich Ihr Kätzchen bereits akklimatisiert hat oder ob es noch ein bisschen sanfte Nachhilfe von Ihnen braucht.

Der Test beginnt:

○ Kratzt Ihr Kätzchen gleich nach dem Aufstehen und vor dem Fressen an den dafür vorgesehenen Wetzgelegenheiten? Oder ist es noch etwas schüchtern und zaghaft?

○ Begrüßt es Sie und die anderen Mitglieder des Haushalts mit Köpfchengeben und Um-die-Beine-Streichen oder weicht es Begegnungen lieber aus?

○ Nimmt es beim Schlafen und Dösen eine völlig entspannte Haltung ein?

Mein Testergebnis:

Mit Sicherheit wohlfühlen

Schon vor dem Einzug Ihres neuen Hausgenossen haben Sie ihm eine Menge Gefahren aus dem Weg geräumt (→ Seite 35–37, 45). Ein Blick auf die Tabelle nebenan sagt Ihnen, wo sonst noch Risiken lauern könnten. Aber was ist die ganze Theorie gegen die Praxis? Ob Ihr Samtpfötchen sein neues Heim wirklich als sichere Burg akzeptiert, hängt auch davon ab, wie viel Ruhe und Gelassenheit Sie selbst ausstrahlen. Theoretisch. In der Praxis befürchten Sie jeden Moment, dass der quirlige Minitiger irgendetwas anstellt. Denn Sie haben zwar für seine Sicherheit so weit wie möglich gesorgt – aber was ist sicher vor ihm? Zugegeben, erst einmal nichts. Aber das ist noch lange kein Grund, nervös zu werden.

▸ Gardinenstress etwa können Sie sich ersparen, indem Sie dem kleinen Klettermaxen von vornherein die Tour vermasseln: Nehmen Sie die Vorhänge da ab, wo keine unerwünschten Einblicke drohen. Binden Sie sie hoch oder hängen Sie sie nur lose über di... ... das macht Kletterversu... ... zunichte und die Vorhäng... ...hell uninteressant. Da gibt... ...m Revier viel bessere Klettergelegenheiten!

▸ Auch Angst um zerbrechliche Kostbarkeiten muss nicht sein. Könnten die nicht hinter Glas Platz finden? Oder so lange unter Verschluss gehalten werden, bis Ihr Tiger ein bisschen ruhiger geworden ist? Mit zehn oder zwölf Monaten hört das wilde Herumspringen meist von selbst auf.

▸ Sie werden nervös, wenn Kätzchen Ihnen im Haushalt »hilft«? Viel kann nicht passieren, wenn Sie die Sicherheitshinweise (Kabel, Herd, Bügeleisen) beachten und sich tatsächlich angewöhnen, jedes Haushaltsgerät mit Tür bzw. Klappe und jeden Behälter mit Deckel (übrigens auch den Toilettendeckel) stets geschlossen zu halten. Lassen Sie sich auch ruhig in der Küche beim Gemüseputzen helfen und belohnen Sie Kätzchens »Fleiß« dann und wann mit einem Petersilienstängel zum Herumschleppen und Zerkauen. Einige Gemüsesorten und Lebensmittel sollten Sie allerdings von Ihrem Schützling fernhalten, denn hier besteht ernsthafte Vergiftungsgefahr. Dazu zählen Avocados, rohe Bohnen, Kartoffelkraut und -keime, Knoblauch, roher Spinat, Rosinen, Weintrauben, Zwiebeln und Schokolade.

◂ *Träumendes Tigerchen in seinem ganz privaten Dschungel: Solche Inseln der Glückseligkeit können auch leicht auf einem geräumigen Balkon eingerichtet werden.*

WO GEFAHREN LAUERN –
UND WIE MAN SIE ENTSCHÄRFT

GEFAHREN-QUELLE	WAS KANN PASSIEREN?	WAS KANN ICH TUN?
Fenster, besonders Kippfenster, Balkon	Absturz, Lähmungen, Verletzungen	mit Netz, Gitter oder stabilem Insektenschutzgitter sichern; Kippfenstersicherungen (Fachhandel) einhängen
Giftpflanzen	Übelkeit, Erbrechen, schwere Vergiftung	Beete »sperren«, z. B. mit reingesteckten Plastik-Windrädchen (Spielzeug), Sträucher und Bäume unzugänglich machen, Fernhaltespray oder -pulver einsetzen, Zimmerpflanzen und Schnittblumen außer Reichweite stellen, abschließbares Blumenfenster montieren
Chemie im Garten	schwere Vergiftung	möglichst wenig verwenden, sicher wegschließen, nach Schädlingsbekämpfung Ausgang sperren
Chemie im Haushalt (z. B. Wasch-, Putzmittel, Medikamente, Frostschutzmittel)	Vergiftung, Verätzung, tödliche Vergiftung	unter Verschluss halten, nie in Katzennähe anwenden
Herd, offene Flammen, Bügeleisen und Ähnliches	Verbrennungen	nie unbeaufsichtigt lassen, auf heiße Herdplatten sofort einen Topf mit Wasser stellen, Herd ist Tabuzone!
Gegenstände (Spitzes, Scharfes, Kleinteile, Plastiktüten, Schnüre, Stanniolpapier, Gummiringe, Wolle)	Verletzungen, Verschlucken, Ersticken (Plastiktüten), Abschnüren von Gliedmaßen, Magen- und Darmverschluss	nichts offen liegen lassen; Spielsachen eventuell entschärfen

Harmonie mit anderen Tieren

▸ **1** **Hund und Kätzchen** Das völlig unbefangene Kätzchen begrüßt den noch etwas skeptischen Mops ganz so, als wäre er ein Artgenosse.

▸ **2** **Katze und Kätzchen** Die ältere Katze putzt den Neuankömmling – eine freundliche, soziale Geste, die zeigt: »Du bist akzeptiert.«

▸ **3** **Meerschweinchen und Kätzchen** Ganz wohl ist dem Nager nicht – er passt in Kätzchens Beuteschema. Unbeaufsichtigt sollten beide lieber nicht zusammenkommen.

Mit anderen Tieren unter einem Dach

Wenn auch andere Tiere zur Familie gehören, ist Ihr Vermittlungstalent gefragt. Vielleicht stiften Sie damit sogar eine Freundschaft fürs Leben.

Kätzchen und Kätzchen: Hier dürfte es kaum Probleme geben. Reiben Sie beide mit einem von Ihnen getragenen und noch nicht gewaschenen Pulli oder T-Shirt ab, bevor Sie die Tiere einander vorstellen. Der gemeinsame »Sippengeruch« stimmt friedlich – wahrscheinlich sind beide schon bald ins Spiel vertieft.

Kätzchen und Katze: Lassen Sie das neue Kätzchen zunächst in seinem separaten Raum und machen Sie die Stubentiger mit dem Geruch des jeweils anderen Tiers vertraut, indem Sie beide ausgiebig streicheln. Während das Kätzchen die Wohnung erkundet, darf die erste Katze seinen Empfangsraum gründlich inspizieren. Geben Sie ihr dort einen Leckerbissen, um eine positive Verknüpfung mit dem »Neuen« zu

schaffen. Auch hier empfiehlt sich das Abrubbeln mit Pulli oder T-Shirt, bevor beide aufeinandertreffen. Schenken Sie dem Kätzchen weniger Beachtung (oder tun Sie so), sondern kümmern Sie sich vorwiegend um Ihre erste Katze. Wenn sie merkt, dass der Neuankömmling ihr nichts wegnimmt, ist schon viel Spannung abgebaut. Putzen sich beide gegenseitig, ist das Eis gebrochen.

Kätzchen und Hund: Ein gut erzogener Familienhund hat das Zeug zu Kätzchens bestem Freund und Beschützer – wenn die beiden erst einmal aneinander gewöhnt sind und der Hund gelernt hat, dass die Samtpfote zum »Rudel« gehört. Sobald Ihr Hund einigermaßen ruhig bleibt, wenn er durch die geschlossene Zimmertür Kätzchens Duft schnuppert, können Sie sich mit ein paar Leckerlis ausrüsten, den Hund an die Leine nehmen und die Tür zu Kätzchens Raum öffnen. Tun Sie einmal wieder so, als ob das Kätzchen Sie überhaupt nicht interessiert, und belohnen Sie Ihren Hund mit einem Leckerbissen, wenn auch er

die Samtpfote ignoriert. Lassen Sie nicht zu, dass der Hund auf das Kätzchen losstürmt, aber loben und belohnen Sie ihn, wenn er sich dem Samtpfötchen freundlich und behutsam nähert. Beim gemeinsamen Spiel können zunächst noch einige Missverständnisse auftreten, denn Hund und Katze haben unterschiedliche »Sprachen«. Schwanzwedeln etwa bedeutet beim Hund, dass er sich freut, bei der Katze heißt das: »Ich bin sauer.« Die erhobene Vorderpfote ist für den Hund eine Aufforderung zum Spiel, für die Katze eine Warnung vor dem Zuschlagen. Da sind falsche Reaktionen programmiert. Beide lernen aber schnell die jeweilige »Fremdsprache«.

Kätzchen und Kleintiere: Große Kaninchen und sanftmütige Katzen können schon einmal kuscheln – echte Spielkameraden werden sie nie, weil beide Tiere ein völlig anderes Sozial- und Spielverhalten haben. Kaninchen gehen sanft mit ihren Artgenossen um, Katzenspiele sind ihnen viel zu ruppig. Haben Sie also ein Auge auf die Tiere, wenn sich beide ohne schützende Barrieren begegnen. Andere Kleintiere und Vögel passen leider nur allzu gut ins Beuteschema Ihres kleinen Jägers. Sie sollten auf jeden Fall in ihrer sicheren (Käfig-)Burg sitzen, wenn das Kätzchen im Zimmer ist, oder in einem Raum untergebracht sein, zu dem das Kätzchen keinen Zutritt hat. Schließlich soll die Mensch-Tier-Wohngemeinschaft ja für niemanden Stress bedeuten.

TIPP

Partner Hund

Wenn Ihr Hund sich in Kätzchens Gegenwart ruhig verhält und keine Anspannung oder Jagdgelüste zeigt, können Sie ihn von der Leine lassen. Gehen Sie auf Nummer sicher und sorgen Sie dafür, dass die Katze immer einen Fluchtweg offen und mehrere hochgelegene Versteck- und Ausweichplätze zur Verfügung hat.

Gesunde Ernährung

»Iss, damit du groß und stark wirst!«, sagen wir mäkeligen
Kindern gern. Katzenkinder brauchen solche Ermunterungen nicht:
Was sie »groß und stark« macht, schmeckt ihnen auch.

Fleisch und andere Nahrung

Katzen sind Fleischfresser. Stimmt. Aber mit Fleisch allein lässt sich kein Kätzchen gesund großziehen. Ein Blick auf die Speisekarte der wilden Verwandtschaft zeigt, was der Organismus unserer Samtpfötchen außerdem noch unbedingt braucht.

KÄTZCHENS WILDE VERWANDTE leben von der Jagd. Während Großkatzen neben kleineren Tieren auch Gazellen oder andere Huftiere erbeuten, greifen sich die kleinen Mitglieder der Familie Felidae vorwiegend Beutetiere bis Rattengröße. Hauptsächlich stehen Kleinsäuger auf dem Speiseplan, aber auch einmal Frösche, Fische und (wenn sie sich erwischen lassen) Vögel. Die Domestikation hat an diesem Beuteschema nichts geändert. Das Verdauungssystem der Katze ist auf den Verzehr von Beutetieren optimal eingestellt: vom typischen Raubtiergebiss, das die Beute »zerschneidet«, über die Speiseröhre, deren Muskeln die eingespeichelte Nahrung schnell und gründlich weitertransportieren, bis hin zum äußerst dehnbaren Magen. Scharfe Verdauungssäfte zersetzen dort die Nahrung. Der Brei gelangt in den Dünndarm, wo die meisten Stoffe resorbiert werden. Was nicht vom Körper verwertet wird, transportiert der relativ kurze Darm schnell in Richtung Ausgang.

Mit Stumpf und Stiel

Katzen vertilgen ihre Beute mitsamt Fell und Knochen sowie Magen- und Darminhalt. Erst so wird das Beutetier zur Vollwertkost. Das Fleisch enthält zwar die unverzichtbaren Nahrungsbausteine Eiweiß und Fett, aber eine Menge wichtiger Vitamine, Spurenelemente und Mineralstoffe liefern Knochen und Gräten sowie Magen- und Darminhalt der Beutetiere. Dieser besteht aus bereits vorverdautem Getreide oder anderem Grünzeug, sodass der Katzenorganismus die Pflanzenkost verwerten kann. Fell, Sehnen und andere unverdauliche Bestandteile fungieren als Ballaststoffe. Jahrhundertelang lebten unsere Hauskatzen genau wie ihre wilden Vorfahren hauptsächlich von der Jagd. Sie fingen Mäuse und anderes Kleingetier. Wenn sie Glück hatten, bekamen sie eine Schale

Aufgespürt! Kaum zu glauben: Der direkte Blick hemmt den kleinen Jäger. Erst wenn das Mäuschen davonflitzt, wird der Beutegreifer mit der Tatze zuschlagen.

◀ *Nach der Entwöhnung das richtige Getränk für Katzen: frisches Wasser.*

gesration von 10 bis 20 Mäusen kommen könnte, und an vielen Orten ist das Jagen schlicht unmöglich geworden. Andererseits ist über die Jahre das Bewusstsein für eine gesunde Ernährung gewachsen, und zwar nicht nur für uns selbst, sondern auch für unsere vierbeinigen Mitbewohner.

Mittlerweile gibt es ein riesiges Angebot an Fertigfutter für Katzenkinder, ausgewachsene Katzen, Katzensenioren, aktive und phlegmatische, gesunde und kranke Katzen – kurzum für alle Bedürfnisse und Lebenslagen. Qualitätsfertigfutter ist in Zusammenarbeit mit Biologen, Ernährungswissenschaftlern und Tierärzten entwickelt worden, die gründlich erforscht haben, welche Nahrungsbausteine unsere Samtpfoten brauchen und in welchem Verhältnis die einzelnen Bestandteile zueinander stehen müssen. Im Idealfall kommt das Fertigfutter in seiner Zusammensetzung der ursprünglichen Katzenvollwertkost sehr nahe: Sie dürfen das »Beutetier in der Dose« also durchaus als Grundlage einer unkomplizierten, vollwertigen Katzenernährung verwenden. Beim ungemein praktischen Trockenfutter sind allerdings ein paar Einschränkungen geboten (→ Seite 70).

Milch hingestellt und ein paar Fischköpfe zugeworfen. Bis in die 1960er Jahre bestand die Kost für Stadt-, Land- und Stubenkatzen aus Resten, die vom Menschentisch übrig geblieben waren: Nudeln, Reis und Kartoffeln mit Soße und etwas Fleisch oder Fisch. Wer es mit seinem Stubentiger gut meinte, bereitete Leber, Nieren, Herz und Lunge zu und verfütterte ab und zu Muskelfleisch oder eine Extraportion Fisch. Viele Gedanken hat sich kaum jemand um die Ernährung seiner Katze gemacht – sie bekam, was da war, und fing sich noch etwas dazu.

Ein riesiges Angebot

Heute herrschen andere Verhältnisse. Einerseits sind in unseren Wohngebieten längst nicht mehr so viele Beutetiere unterwegs, dass eine Katze auf die Ta-

Kochen für die Katz'

Die Katze mit selbst zubereitetem Futter zu ernähren, gestaltet sich schon etwas schwieriger. Selbstversorger dürfen nicht vom eigenen Speisezettel ausgehen, denn die für Menschen geeignete Kost ist für Katzen zu eiweißarm, zu kalorienreich und viel zu kohlenhydrathaltig.

Außerdem ist sie zu stark gewürzt. Doch auch eine ausschließliche Ernährung mit Muskelfleisch, Fisch und Innereien ist für die Katze nicht das Richtige:

▸ Reine Fleischkost enthält zu wenig Kalzium, aber zuviel Phosphor (das ideale Verhältnis beider Mineralien ist 1,2 : 1). Auf Dauer kann Kalziummangel zu Skelettschäden und spontanen Knochenbrüchen führen, der Phosphorüberschuss zu Gelenkproblemen.

▸ Die Vitaminversorgung ist schwierig. Zum einen werden viele Vitamine

▸ Innereien wie Leber und Niere sind häufig mit Schadstoffen angereichert, was wiederum den Katzenorganismus belastet und daher ungünstig ist.

Nahrungsergänzung

Wenn Sie für Ihr Kätzchen trotzdem vorwiegend selbst kochen wollen, müssten Sie – am besten nach Absprache mit dem Tierarzt – ein Kalziumpräparat zu

WUSSTEN SIE SCHON, DASS …

… Milch den meisten Katzen nicht bekommt?

Viele Katzen schlecken gern Milch und Sahne – und bezahlen ihre Nascherei mit Durchfall und Bauchgrimmen. Schuld daran ist der Milchzucker (Laktose), den Katzen kaum verwerten können. Als Getränk ist Milch also nicht zu empfehlen. Wertvolle Vitamine und Kalzium liefern aber auch Milchprodukte wie Joghurt, Quark und Hüttenkäse. Sie enthalten kaum noch Milchzucker und bereiten daher keine Verdauungsprobleme.

durch Kochen zerstört, zum anderen »rauben« rohes Eiklar und roher Fisch bestimmte B-Vitamine. Bei häufiger Verfütterung von Leber kommt es zu einer Überversorgung mit den Vitaminen A und D – was Knochenwucherungen, Bewegungsprobleme und Schäden an den inneren Organen verursachen kann.

▸ Es fehlen Ballaststoffe, also unverdauliche Nahrungsbestandteile, wie etwa Fell und Sehnen vom Beutetier. Das kann auf längere Sicht zu Verdauungsproblemen führen.

füttern und eventuell einige Vitamine ergänzen. Zu diesen zählen etwa die B-Vitamine in Form von Hefeflocken. Außerdem sollten Sie dann im Verhältnis zu Fleisch oder Fisch etwa zehn Prozent Reis, Graupen oder andere Kohlenhydrate mitkochen.

Roh ohne Risiko?

Jagende Katzen verputzen ihre Beute roh. Dabei fangen sie sich schon einmal Würmer oder andere Parasiten ein. Auch rohes Fleisch aus dem Handel kann Krankheitserreger enthalten.

*Ein Katzenbrunnen liefert frisches Wasser.
Manche mögen es aber lieber abgestanden.*

Rohes Schweinefleisch ist absolut tabu: Das für Katzen und Hunde tödliche Aujeszky-Virus könnte darin enthalten sein. Die meisten Tierärzte empfehlen allen Selbstversorgern ohnehin, die Katzennahrung nur gekocht zu verfüttern.

»Barfen«

Derzeit sorgt ein neuer Trend in der Katzen- und Hundeernährung für Furore: »Barf«. Dieses Kunstwort steht für »Bones And Raw Food« (Knochen und rohe Nahrung), wird aber hierzulande mit »biologisch artgerechte Rohfütterung« übersetzt. Die Ernährung besteht aus rohem Fleisch erstklassiger Qualität, aber auch aus rohen Knochen und einer Anzahl Ergänzungsmittel (Supplemente). Die Methode erfordert gründliche Einarbeitung in die Materie und einen gewissen Aufwand (→ Seite 74), scheint vielen Katzen aber gut zu bekommen.

Vorsicht mit Trockenfutter

Mit Fertigfutter geht's natürlich einfacher. Trockenfutter ist ganz besonders praktisch und verdirbt nicht, wenn es längere Zeit im Napf liegt. Trotzdem ist es mit Vorsicht zu genießen: Zum einen hat es einen höheren Getreideanteil als Nassfutter. Zum anderen enthalten die hoch konzentrierten Bröckchen höchstens 15 Prozent Feuchtigkeit (Dosenfutter dagegen bis zu 80 Prozent). Gleicht die Katze das Defizit nicht durch Trinken aus, drohen Blasensteine und Nierenschäden. Ausgleichen heißt: Für einen Napf Trockenfutter müsste die Samtpfote drei Näpfe Wasser leer schlabbern. Keine Katze trinkt so viel! In der Natur stillt ein saftiges Beutetier nicht nur den Hunger, sondern deckt auch einen großen Teil des Wasserbedarfs. Fazit: besser hauptsächlich Dosenfutter reichen und Trockenfutter nur in geringen Mengen.

Was wollen wir trinken?

Sobald ein Kätzchen in der freien Natur von der Muttermilch entwöhnt ist, trinkt es Wasser. Stellen Sie auch Ihrem Samtpfötchen stets mindestens einen Napf mit frischem Wasser bereit. Mittlerweile bietet der Handel spezielle Katzenbrunnen an, aus denen immer frisches Wasser strömt – viele Samtpfoten lieben das. Andere mögen es lieber leicht abgestanden. Wenn Sie mehrere Näpfe aufstellen und das Wasser in unterschiedlichem Rhythmus erneuern, werden Sie jedem Geschmack gerecht. Übrigens: Als besonderes Leckerchen darf Ihr Kätzchen ab und zu auch einmal ein Schälchen Milch haben – dann aber lieber die laktosereduzierte Katzenmilch aus dem Handel.

Der Futterfahrplan

Vom Allgemeinen zum Besonderen: Es geht um Ihren Juniortiger und darum,
wie Sie ihn gesund ernähren können. Natürlich hat er ein Wörtchen mitzureden –
und aus seinem ersten Heim schon seine eigenen Vorstellungen mitgebracht.

WAS KOMMT in den Futternapf? In den ersten Tagen ist das gar keine Frage: Ihr kleiner Hausgenosse erhält genau das Futter, das er aus seinem ersten Heim bereits kennt. Das gilt selbst dann, wenn das Futter nicht ganz den Anforderungen an eine gesunde Katzenernährung entspricht: Abrupte Umstellungen tun dem sensiblen Verdauungssystem nicht gut und haben häufig Durchfall und Erbrechen zur Folge. Schleichen Sie sich lieber nach Katzenart in die bessere Ernährung ein, indem Sie nach und nach das alte Futter durch das neue ersetzen. Auf diese Weise können Sie Ihr Gewohnheitstierchen überlisten, falls es von seiner Mama »falsche« Futtervorlieben übernommen hat.

Zwei wichtige Regeln

Für die gesunde Ernährung Ihres Kätzchens gelten die beiden Regeln, die Sie schon kennengelernt haben:
Katzen brauchen Fleisch! Nur tierisches Eiweiß liefert den Raubtieren die Aminosäure Taurin, die ihr Organismus nicht selbst bilden kann. Fehlt sie, können sich Sehkraft, Gehirn und Muskeln nicht richtig entwickeln. Auch bestimmte lebenswichtige, essenzielle Fettsäuren kann das Kätzchen nur aufbauen, wenn es mit der Nahrung auch tierische Fette zu sich nimmt.

Fleisch allein genügt nicht! Vitamine, Mineralien und Spurenelemente aus anderen Quellen tragen zum Aufbau gesunder Zähne und Knochen bei, sorgen für gesunde Haut, ein schönes Fell und ein leistungsfähiges Immunsystem.

Auf der sicheren Seite

Wenn Sie nicht lange über die einzelnen Nahrungsbausteine und ihr Verhältnis zueinander grübeln, aber trotzdem sichergehen wollen, dass Ihr Kätzchen optimal ernährt wird, nehmen Sie am besten hochwertiges Fertigfutter als Grundlage. Hochwertig bedeutet: In der Zusammensetzung hat Fleisch den größten Anteil. Informationen liefert das Etikett. Ein vollwertiges Katzenfutter

TIPP

Das Kätzchen wiegen

Ein Katzenbaby setzen Sie in eine Salatschüssel und dann auf die Küchenwaage. Ziehen Sie das Gewicht der Schüssel vom Ergebnis ab. Mit einem größeren Kätzchen steigen Sie auf Ihre eigene Waage, nachdem Sie sich vorher gewogen haben. Die Differenz zwischen beiden Ergebnissen verrät, wie viel das Kätzchen wiegt.

wird als »Alleinfuttermittel« deklariert. »Ergänzungsfuttermittel« können durchaus hochwertig sein, decken aber nicht den gesamten Bedarf. Die Rubrik »Zusammensetzung« zeigt an, welche Zutaten in welcher Gewichtung in dem Futter stecken. Was an erster Stelle aufgeführt wird, hat den größten Anteil an der Gesamtmenge. Gut, wenn es die Fleischsorte ist und ihr Anteil möglichst hoch liegt. Die Rubrik »Zusatzstoffe« sollte statt chemischer Konservierungsstoffe natürliche Antioxidantien wie Vitamin E oder C auflisten, Farbstoffe, künstliche Aromastoffe, Zucker und Karamell sollten nicht enthalten sein. Werfen Sie auch einen Blick auf die Fütterungsempfehlung (Tagesmenge). Sie bezieht sich meist auf eine ausgewachse-ne Katze von drei bis vier Kilogramm Gewicht. Bei Feuchtfutter beträgt sie zwischen 150 und 400 Gramm, bei Trockenfutter zwischen 40 und 80 Gramm. Je niedriger sie ist, desto besser wird das Futter vom Organismus verwertet.

Juniorfutter fürs Kätzchen

Viele Hersteller bieten spezielles Juniorfutter mit erhöhtem Eiweiß- und Energiegehalt an. Das ist sinnvoll, denn die kleinen Energiebündel haben tatsächlich einen höheren Bedarf an beidem. Sie können aber mit jedem hochwertigen Futter ein Kätzchen gesund großziehen. Juniorfutter ist eine sehr gute Wahl, wenn ein Kätzchen aufgepäppelt werden muss. Doch der hohe Energiegehalt ist

MEIN HEIMTIER

Lässt sich mein Kätzchen unkompliziert ernähren?

Katzen sind Individualisten – auch beim Futtern: Nicht alle haben den gleichen Fressstil oder die gleichen Futtervorlieben. Der Test verrät, ob Ihr Kätzchen bei der Ernährung brav mitmacht und ob es seinen »Dosenöffner« gelegentlich manipuliert.

Der Test beginnt:

○ Futtert Ihr Kätzchen seinen Napf zügig leer, wenn Sie ihm eine Mahlzeit servieren? Oder nimmt es nur ein, zwei Mäulchen voll und wendet sich dann anderen Dingen zu?
○ Ignoriert es den Napf, wenn ihm eine Futtersorte nicht schmeckt? Und tritt es schon mal in den Hungerstreik, damit Sie ihm schließlich doch sein Lieblingsfutter geben?
○ Schlingt es gierig alles in sich hinein oder frisst es langsam und bedächtig?

Mein Testergebnis:

Ab und zu darf Kätzchen auch einmal
ein Leckerchen zur Belohnung haben.

nicht ohne: Was ein quirliges Katzenkind problemlos verbrennt, geht später auf die Figur. Schleichen Sie sich deshalb aus der »Juniorfütterung« heraus, wenn Ihr Kätzchen acht bis zehn Monate alt ist. Spätestens ab einem Jahr gibt es dann nur noch Erwachsenenfutter.

Wann? Wie oft? Wie viel?

Kätzchen brauchen viele Mahlzeiten am Tag. Ihre Energiespeicher leeren sich schnell und müssen dementsprechend wieder aufgefüllt werden. Vermeiden Sie aber eine Überfütterung und kontrollieren Sie regelmäßig das Gewicht Ihres Kätzchens (→ Tipp, Seite 71).

Mit drei bis vier Monaten erhält Ihr Kätzchen vier bis fünf kleine Mahlzeiten. Die erste (60 bis 75 Gramm Fertigfutter) servieren Sie am besten nach dem Aufstehen, die nächsten jeweils ca. drei bis vier Stunden später. Sind Sie tagsüber außer Haus, lassen Sie ein Schälchen hochwertiges Trockenfutter als Ersatz für zwei Fütterungen da (ca. 30 Gramm).

Mit fünf bis sechs Monaten gibt es drei bis vier Mahlzeiten von jeweils 75 bis 100 Gramm Fertigfutter im Abstand von vier bis fünf Stunden. Ist das Kätzchen tagsüber allein, bekommt es ca. 40 Gramm Trockenfutter als Ersatz für zwei Mahlzeiten.

Vom siebten Monat an dürfen Sie wiederum eine Mahlzeit weniger servieren, der Abstand nimmt um eine Stunde zu. Pro Fütterung bekommt das Kätzchen 150 bis 180 Gramm Fertigfutter und – wenn nötig – etwas Trockenfutter zur »Überbrückung« Ihrer Zeit außer Haus.

Mit neun Monaten darf Ihr Kätzchen futtern wie ein Großer: Zwei Mahlzeiten pro Tag – eine morgens und eine abends, jeweils 150 bis 200 Gramm Fertigfutter. Berufstätige servieren die zweite Mahlzeit am besten gleich, wenn sie nach Hause gekommen und freudig begrüßt worden sind. Trockenfutter gibt es dann am besten nur noch als Leckerchen.

Snacks für zwischendurch

Der Handel bietet jede Menge sogenannter Katzen-Snacks und Leckerlis an. Sie sind für eine gesunde Ernährung nicht notwendig, können aber zum Beispiel bei der Erziehung (→ ab Seite 93) als Belohnungshäppchen nützlich sein. Verwenden Sie die Extras auf jeden Fall sparsam – Ihr Kätzchen bekommt sonst zu viele Kohlenhydrate.

Fragen rund um
Ernährung und Fütterung

? **Ich habe gehört, ein Fastentag in der Woche sei gesund für Katzen. Soll ich unser Kätzchen (sechs Monate alt) daran gewöhnen?**
Davon rate ich Ihnen ab! Katzen jeden Alters müssen nahezu jeden Tag tierisches Eiweiß verzehren, um sich mit den essenziellen Amino- und Fettsäuren zu versorgen, die ihr Körper nicht selbst herstellen kann. Für Ihr Kätzchen ist die regelmäßige Zufuhr von Taurin besonders wichtig. Wird sie unterbrochen, kann das Wachstumsstörungen, Herz- und Augenschäden nach sich ziehen.

? **Ich möchte unsere beiden Kätzchen hauptsächlich mit Fertigfutter ernähren, ihnen aber ein- bis zweimal in der Woche Selbstgekochtes anbieten. Muss ich in diesem Fall schon Vitamin- und Mineralstoffpräparate zufüttern?**
Mit hochwertigem Fertigfutter als Ernährungsgrundlage dürften Ihre beiden alle notwendigen Nährstoffe im richtigen Verhältnis aufnehmen. Sie brauchen sich also keine Gedanken über Zusatzpräparate zu machen. Es schadet allerdings sicher nicht, wenn Sie über selbst zubereitetes Futter einmal ein paar Hefeflocken streuen oder ein hart gekochtes Eigelb bröckeln.

? **Ich höre viel Positives über die »Barf«-Methode. Ist es nicht gefährlich, Katzen mit rohem Fleisch zu füttern?**
Rohes Fleisch kann Parasiten und andere Krankheitskeime enthalten. Wer es mit biologisch artgerechter Rohfütterung (»Barf«) versuchen will, muss deshalb ein paar Vorsichtsmaßnahmen beachten: nur Fleisch erstklassiger Qualität nehmen und sofort weiterverarbeiten – entweder klein schneiden oder durch den Wolf drehen und portionsweise einfrieren. Nicht in der Mikrowelle auftauen, denn dabei werden Knochen gegart. Sie können – im Gegensatz zu rohen Knochen – splittern. Nicht mehr als 30 Prozent Knochen füttern, weil sonst ein Überangebot an Kalzium entsteht. Wenn Sie die Katze ausschließlich »barfen« wollen, müssen Sie Zusatzpräparate (Supplemente) füttern. Macht die Rohfütterung dagegen nur einen Bruchteil (bis zu 20 Prozent) aus, brauchen Sie sich darum nicht zu kümmern.

? **Unsere Katze erbricht öfter Haarballen. Kann ich diesem Verhalten mit der Ernährung entgegenwirken?**
Sorgen Sie dafür, dass stets ein Schälchen Katzengras bereitsteht, es erleichtert dem Tier das Erbrechen. Vielleicht schleckt Ihre Katze Ihnen auch gern Malzpaste vom Finger oder akzeptiert ein paar Tropfen Olivenöl im Futter bzw. dann und wann eine Messerspitze Butter. Diese Mittel erleichtern die Passage der Haare durch den Darm.

? Ich muss immer wieder Dienstreisen von ein bis zwei Tagen unternehmen und möchte nicht jedes Mal den Catsitter bemühen. Wie stelle ich für meine Katze die Versorgung mit Frischfutter sicher?

Der Handel bietet sogenannte »Pet Feeder« an, Futterbehälter mit Zeitschaltuhr. Je nach eingestellter Uhrzeit geben sie das Futter dann zum Verzehr frei. An heißen Tagen sorgen Kühlakkus im unteren Teil des Behälters für längere Frische.

? Wir essen aus Überzeugung kein Fleisch und haben kürzlich vegetarisches Katzenfutter entdeckt, das sogar mit Taurin angereichert ist. Wäre das nicht ideal für unser Kätzchen?

Im Gegensatz zu uns Menschen wurden Katzen von der Natur oder der Evolution als Fleischfresser ausgestattet, wie Körperbau, Verdauungsorgane und Verhal-

tensweisen zeigen. Sie sollten daher auch ein Futter erhalten, das ihrer natürlichen Kost weitgehend entspricht. Fleischfreie Nahrung, die mehr oder weniger künstlich mit Taurin aufgepeppt wurde, gehört nicht dazu.

? Meine Katzen sind typische Häppchenfresser, die den Futterplatz als Selbstbedienungsbüfett betrachten. Nun habe ich gehört, dass man spätestens nach einer Stunde das Futter wegnehmen sollte. Was ist richtig?

Von Natur aus sind Katzen Gelegenheitsfresser. Das »Selbstbedienungsbüfett« kommt ihren Ernährungsgewohnheiten also durchaus entgegen. Trotzdem möchte ich für die andere Methode plädieren: Auch in der Natur wartet nicht jederzeit ein Futtermäuschen auf die Katze. Ist jederzeit Futter verfügbar, kann die Freude am Fressen auf der Strecke bleiben. Werfen Sie also Feuchtfutterreste nach einer halben bis einer Stunde

weg, und servieren Sie bei der nächsten Mahlzeit neues Futter aus einem sauberen Napf. Sind bei der vorigen Mahlzeit viele Reste geblieben, fällt die nächste etwas kleiner aus. Trockenfutter können Sie bis zur nächsten Mahlzeit an einen unerreichbaren Platz stellen. Die »Tabula-rasa-Methode« hat zusätzlich den Vorteil, dass Sie einen besseren Überblick über das Fressverhalten Ihrer Katzen gewinnen und je nach Bedarf schneller regulierend eingreifen können.

? Dosenfutter direkt aus dem Kühlschrank mag meine Katze nicht. Leider kann ich es nicht jedes Mal zwei Stunden vor dem Verzehr herausnehmen. Wie kann ich das Futter sonst kurzfristig auf Temperatur bringen?

Ein kurzes, heißes Wasserbad erhöht die Temperatur. Oder Sie rühren etwas kochendes Wasser ins Futter. Achten Sie aber darauf, dass es nicht zu »suppig« wird.

Gut gepflegt und kerngesund

Den Instinkt für seine Körperpflege hat die Natur jedem Kätzchen mit auf den Weg gegeben. Zum gesunden Aufwachsen gehört aber noch mehr – und Sie können viel dazu beitragen.

Wellnessfaktor Katzenpflege

Gut drei Stunden Zeit verbringt ein Kätzchen mit Fell- und Körperpflege. Nehmen sich außerdem noch liebevolle Menschenhände seiner an, tut das nicht nur gut, sondern gibt auch einen kräftigen Schub in Richtung gesunde Entwicklung.

SCHON MIT SECHS WOCHEN hat ein Kätzchen den Bogen raus und putzt sich seinen Pelz wie die Großen – bis zu drei Stunden am Tag. Das Putzprogramm ist in den Genen verankert: So halten die Jäger ihr Fell glatt, damit sie nicht im Unterholz hängen bleiben, tilgen Gerüche, die Beutetieren ihre Anwesenheit verraten könnten, und pflegen ihre Waffen. Die mitunter abenteuerlichen Verrenkungen dabei sind ein wunderbares Gymnastikprogramm. Und das Wichtigste: Bei der Körperpflege ist viel Lust im Spiel, denn die hat Mutter Natur allen Katzen als Erbteil mitgegeben. Auch Ihrem Kätzchen.

Zusätzlich viel Zuwendung

Fürs große Wohlgefühl indes brauchen unsere kleinen Hausgenossen noch mehr: die liebevolle Zuwendung der »Superkatze«. Kätzchen, die regelmäßig von ihren Menschen gestreichelt werden, fühlen sich nicht nur wohler als Artgenossen, die ohne Streicheleinheiten auskommen müssen, sie entwickeln sich auch besser. Die liebevolle Berührung stärkt das Immunsystem, knüpft ein Vertrauensband zwischen Mensch und Katzenkind und tut einfach gut.

Behagliche Fellpflege

Machen Sie Ihr Kätzchen möglichst von Anfang an ganz sanft mit Kamm und Bürste vertraut – unabhängig davon, ob es langes oder kurzes Fell trägt. Selbst Kurzhaarkatzen verschlucken nämlich während des Fellwechsels beim Putzen ziemlich viele Haare und leiden dann oft unter der Bildung von Haarballen, die sie erbrechen. Mit Kamm und Bürste ersparen Sie Ihrem Minitiger zu diesen Zeiten im Herbst und Frühjahr einiges. Und wenn Sie aus der Fellpflegesitzung ein Wohlfühlritual machen (etwa mit einem angewärmten hellen Tuch als Unterlage), bedeutet das: Wellness pur.

Was für ein Genuss: Feinfühlige Pflege mit einer weichen Babybürste tut so gut! ▶

Kontrolle muss sein

1 **Gebiss** Nicht beliebt, aber notwendig – die regelmäßige Zahnkontrolle. Sanft auf die Mundwinkel drücken und ins Mäulchen schauen. Zähne weiß und Zahnfleisch rosa? Bestens!

2 **Augen** Ein wenig »Schlaf« im Augenwinkel wird mit einem sauberen Papiertüchlein oder feuchten Reinigungstuch weggewischt.

3 **Ohren** Bleibt das Tüchlein beim Auswischen der Ohrmuscheln sauber und geruchsfrei, ist alles in bester Ordnung.

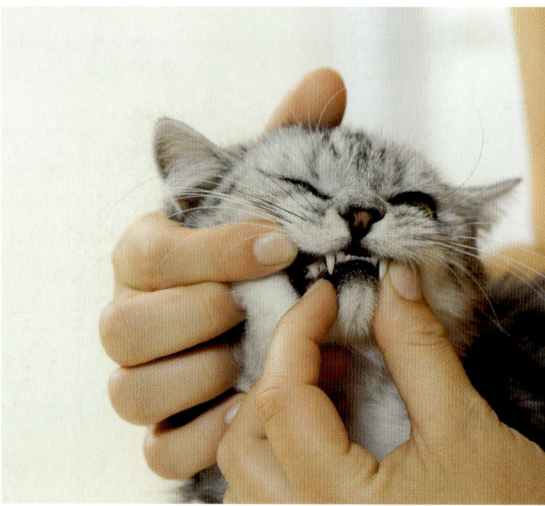

Ihr Kurzhaarkätzchen kämmen Sie ein- bis zweimal pro Woche. Wenn im Herbst und Frühjahr der Fellwechsel ansteht, auch öfter. Lassen Sie den Kamm mit dem Strich so sanft wie möglich von Kopf bis Schwanz gleiten und vergessen Sie auch Bäuchlein, Achsel- und Geschlechtsbereich nicht. Lose Haare werden anschließend mit einer weichen Bürste entfernt. Kätzchen mit superkurzem Fell – Siam, Burma – brauchen Sie nur abzuledern: Feuchten Sie ein feines, weiches Ledertuch mit warmem Wasser an, drücken Sie es gründlich aus und reiben Sie den Katzenkörper sanft damit ab. Bei vielen Kurzhaarkatzen genügt auch ein Noppenhandschuh, mit dem Sie Ihrem Vierbeiner über das Fell streichen.
Für Ihr Langhaarkätzchen machen Sie die Frisierstunde zum täglichen Ritual, am besten kombiniert mit vielen Streicheleinheiten und einer kleinen Belohnung (→ Tipp, rechts). Bei täglicher Pflege lassen sich viele Knötchen ohne großes Geziepe per Hand entwirren. Wenn Sie länger warten, haben sich

unter Umständen schon Filzknoten gebildet, die mit dem Trennmesser aufgeschnitten werden müssen.

Gesundheitscheck ganz nebenbei

Schauen Sie sich Ihr Kätzchen während des Pflegerituals von Kopf bis Schwanz gut an. So haben Sie gleich den Gesundheitszustand (→ Checkliste, Seite 54) im Blick und können mögliche Probleme schnell in den Griff bekommen. Ungebetene Gäste im Fell etwa verraten sich durch Rückstände im Kamm oder schwarze Krümel auf der Unterlage – Flohkot, der rötliche Wischspuren hinterlässt. Beim Tierarzt gibt es gut verträgliche und leicht anzuwendende Mittel gegen die lästigen Blutsauger.
Die Augen sind hoffentlich klar, und die Nickhaut, das dritte Lid, ist nicht zu sehen. Sollte sie dennoch sichtbar sein, könnte das auf eine Krankheit hindeuten (→ Seite 87).
Die Ohren sollten Sie ebenfalls prüfen und auch einmal an der Ohrmuschel schnuppern. Alles sauber und geruch-

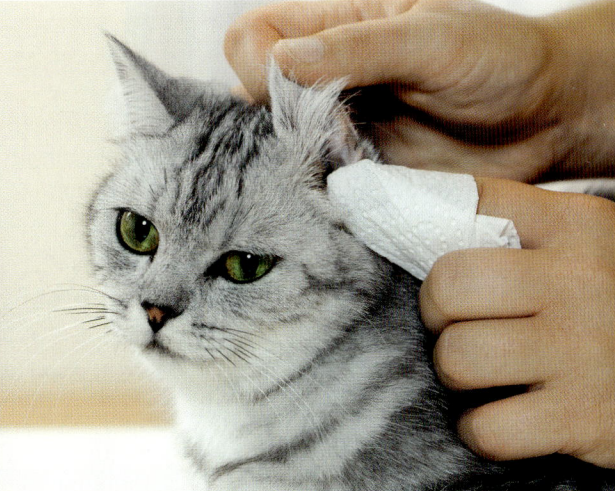

los? Wunderbar! Wischen Sie die Ohrmuschel ab und zu mit einem Tuch aus. Zeigt es Schmutzspuren und riecht unangenehm, deutet das auf Ohrmilben hin – da ist der Tierarzt gefragt. Nie mit Wattestäbchen in den Gehörgang gehen, denn das führt zu üblen Verletzungen. **Die Zähne** zeigt Ihr Kätzchen, wenn Sie mit Daumen und Zeigefinger leicht auf die Mundwinkel drücken. Ist das Zahnfleisch korallenrosa und sind die Zähnchen weiß, ist alles in Ordnung. Zahnstein verrät sich durch Verfärbungen und Mundgeruch. Am besten, Sie lassen den Tierarzt beim Impftermin auch Kätzchens Zähne prüfen. Vielleicht gehört Ihr kleiner Racker ja sogar zu den ganz Braven, die sich von ihrem Menschen die Zähne putzen lassen – Bürsten für den Finger und Zahnpasta mit Fischgeschmack gibt's im Handel. **Die Pfötchen** sollten schön glatt sein, weder Ballen- noch Zehenpolster dürfen Risse aufweisen. Seine Krallen pflegt Ihr Kätzchen selbst durch eifriges Wetzen; abgestorbene Krallenhülsen an den

Hinterpfoten entfernt es mit den Zähnen. Nachhilfe mit dem Krallenschneider ist nur selten nötig. Lassen Sie sich diese Pflegemaßnahme gegebenenfalls vom Tierarzt zeigen. **Der Po** schließlich ist sauber und fällt weder durch Verkrustungen noch durch Ablagerungen am After auf. Letzteres kann auf Wurmbefall hindeuten. Auch gegen diese Parasiten hat Ihr Tierarzt gut verträgliche Mittel parat.

TIPP

Kämmen schmackhaft machen

Gehen Sie bei der Fellpflege so sanft wie möglich vor und sprechen Sie Ihr Kätzchen freundlich an. Sparen Sie nicht mit Lob, wenn es geduldig ist, und rüsten Sie sich mit Leckerbissen zur Belohnung aus. Schließen Sie eine kleine Spiel- oder Schmuserunde an – je nachdem, wozu Ihr Kätzchen gerade aufgelegt ist.

Krankheiten vorbeugen

Gesund ernährte und gut gepflegte Katzen werden selten krank. Aber auch umsichtige Vorsorge gehört zum Gesundheitsschutz. Ganz besonders für Katzenkinder, denn ihr noch nicht ausgereiftes Immunsystem macht sie anfällig für Infektionen.

KÄTZCHEN LEBEN gefährlich. Mit der ersten Muttermilch, dem Kolostrum, bekommen sie zwar eine Art »Impfung« gegen allerlei Infektionen mit auf den Weg, aber dieser Schutz erlischt nach der neunten Lebenswoche. Parasiten, Viren und Bakterien hätten leichtes Spiel – würde ihnen der Mensch als »Gesundheitsminister« keinen Strich durch die Rechnung machen.

Gepflegte Umgebung

Sie können eine ganze Reihe von Gesundheitsgefahren für Ihr Kätzchen ausschließen, wenn Sie ihm eine gepflegte,

Nicht so ganz auf dem Damm? Lieber einmal zu oft zum Tierarzt als einmal zu wenig.

hygienische Umgebung bieten. Hygiene ist ein natürlicher Feind der meisten »Krankmacher«. Aufwendige Maßnahmen sind nicht erforderlich, denn schon die alltäglichen kleinen Selbstverständlichkeiten bewirken viel.

Futterplatz: Sorgen Sie dafür, dass Ihr Tiger seine Mahlzeiten immer im sauberen, heiß ausgespülten Napf serviert bekommt und dass keine Reste von der letzten Mahlzeit herumliegen. Die säuern nämlich leicht und ziehen Fliegen und andere Schmarotzer an.

Schlafplatz: Polster und Matratzen regelmäßig mit dem Staubsauger reinigen. Decken, Kissen und Bezüge öfter waschen, Bezüge bei mindestens 60 °C. Wird der Bezug dann auch noch schön heiß gebügelt, dient das nicht nur der Hygiene, sondern auch Kätzchens Wohlgefühl, wenn es wieder Platz nimmt.

Kistchen: Füllen Sie absorbierende Streu gut fünf Zentimeter hoch ein und entfernen Sie mindestens einmal täglich alle nassen Bestandteile (mit Klumpstreu geht's am besten). Häufchen so schnell wie möglich entsorgen. Das ist nicht nur gut für Ihr Tigerchen, es verringert auch das Risiko einer Toxoplasmose-Infektion drastisch (die Erreger brauchen Zeit, um aktiv zu werden). Spülen Sie die Katzentoilette einmal pro Woche mit heißem Wasser aus und schrubben Sie die Schale mit der Bürste.

MEIN HEIMTIER

Ist mein Kätzchen gut in Form?

Selbstverständlich möchten Sie wissen, ob Ihr Kätzchen sich in seinem Fell rundum wohlfühlt und ob es eine gute Kondition hat. Sein Alltagsverhalten kann Ihnen eine Menge darüber verraten, ebenso wie seine Neugier, Unternehmungslust und Spielfreude.

Der Test beginnt:

○ Stehen Sie ein bisschen später auf als gewöhnlich: Kommt Ihr Kätzchen zum Wecken?
○ Erfindet es eigene Spiele, wie Papierkorb umwerfen, Toilettenrolle abwickeln, kleine Gegenstände (hoffentlich ungefährliche!) durch die Gegend kicken?
○ Geht es bereitwillig auf Ihre Spielvorschläge ein und zeigt dabei Spaß an der Bewegung?
○ Folgt es Ihnen neugierig, wenn Sie aus dem Raum gehen?

Mein Testergebnis:

Pflege-Utensilien: Halten Sie Kämme, Bürsten und alles, was Sie sonst noch zur Fellpflege benutzen, sauber. Hat sich Kätzchen tatsächlich einmal etwas eingefangen, sollten Sie die Utensilien nach jeder Anwendung gründlich reinigen.

Gesundheitshelfer Tierarzt

Ohne Expertenhilfe kommen Sie als »Katzen-Gesundheitsminister« nicht aus. Achten Sie auf die Mundpropaganda anderer Katzenfreunde, wenn Sie einen guten Tierarzt für Ihr Kätzchen suchen. Schauen Sie ins Internet oder fragen Sie bei Zuchtverbänden, Tierschutzvereinen oder beim Tierärzteverband (→ Seite 141) nach – immerhin haben Sie eine Vertrauensstellung zu vergeben. Den

Arzt auswählen müssen Sie letztlich selbst. Hier eine kleine Liste zur Orientierung und als Entscheidungshilfe:

▸ Der Tierarzt hat neben einer gut ausgestatteten Praxis auch einen »guten Draht« zu Katzen.
▸ Die Praxis ist für Sie leicht zu erreichen – besonders wichtig, wenn es einmal schnell gehen muss.
▸ Im Notfall (!) ist der Tierarzt auch außerhalb der Sprechzeiten zu erreichen und bereit, Hausbesuche zu machen.

Rechtzeitig zum Doktor

Zum Tierarzt muss Ihr Kätzchen spätestens dann, wenn die Impfungen fällig sind. Nur sie bieten Schutz vor den gefährlichsten Infektionen und müssen in bestimmten Intervallen aufgefrischt werden (→ Impfplan, rechts). Hat Ihr Kätzchen alle Impfungen und damit einen guten Schutz, sind Sie viele Sorgen los. Gehen Sie trotzdem zum Tierarzt, wenn Ihnen etwas verdächtig vorkommt (→ Seite 86/87). Plötzliche Verhaltensänderungen z. B. sind immer Alarmzeichen und haben manchmal Ursachen, die der Tierarzt leicht beseitigen kann.

Mit dem Kätzchen auf Reisen

Fahren Sie mit dem Tier ins Ausland, brauchen Sie den EU-Heimtierpass, in dem neben den Impfungen auch die Kennzeichnungsnummer des »Passinhabers« eingetragen ist. Einen Mikrochip mit der Nummer injiziert der Tierarzt dem Tier unter die Haut (→ Seite 61).

Gefährliche Infektionskrankheiten

Katzenseuche wird nicht nur von Tier zu Tier übertragen, sondern auch indirekt. Das zähe Parvovirus überlebt an Kleidung, Schuhen, im Teppich usw. Selbst Wohnungskatzen ohne Kontakt zu Artgenossen sind also gefährdet. Die Seuche ist hochgradig ansteckend und überaus aggressiv: Mehr als 90 Prozent der befallenen Jungtiere sterben daran – die Impfung ist ein absolutes Muss!

Katzenschnupfen wird durch Herpes- und Caliciviren verursacht. Übertragen wird er hauptsächlich durch Tröpfcheninfektion, seltener durch kontaminierte Gegenstände. Befallene Tiere sterben nicht selten an völliger Entkräftung. Auch Wohnungskatzen müssen gegen diese Krankheit geimpft werden.

Katzenleukose ist eine Viruserkrankung des Blutes, verursacht durch das Feline Leukosevirus (FeLV). Sie wird durch den Speichel infizierter Katzen übertragen und kann unheilbaren Blutkrebs auslösen. Freiläufer und Katzen, die mit fremden Artgenossen zusammenkommen (etwa auf Ausstellungen), sollten geimpft werden. Das Neuinfektionsrisiko sinkt mit zunehmendem Alter, daher wird bei älteren Tieren die Impfung nicht mehr bedingungslos empfohlen.

FIP bedeutet Feline Infektiöse Peritonitis. Erreger sind Coronaviren, die Ansteckung erfolgt von Tier zu Tier. Die unheilbare Erkrankung verursacht unter anderem Wasseransammlungen in der Bauchhöhle, Atemstörungen, Krämpfe und schwere Organschäden. Was letztlich zu ihrem Ausbruch führt, ist noch nicht völlig geklärt, doch scheint Stress eine gewisse Rolle zu spielen. Es gibt eine Schutzimpfung, allerdings ist ihre Wirkung sehr umstritten.

◀ *Hat das Kätzchen alle notwendigen Impfungen? Sie bieten Schutz vor gefährlichen Infektionskrankheiten.*

IMPFPLAN FÜR IHR KÄTZCHEN

| KRANKHEIT | GRUNDIMMUNISIERUNG | | AUFFRISCH-IMPFUNG |
	1. Impfung mit	Wiederholung mit	
Katzenseuche	8–9 Wochen	12–13 Wochen	alle 1–2 Jahre*
Katzenschnupfen	8–9 Wochen	12–13 Wochen	alle 1–2 Jahre*
Katzenleukose	9–10 Wochen	12–14 Wochen	mit dem Tierarzt besprechen
FIP	16 Wochen	20 Wochen	jährlich
Tollwut	12 Wochen	16 Wochen	alle 1–3 Jahre*

* = je nach Impfstoff

FIV heißt soviel wie Felines Immundefizienz-Virus. Dieses Retro-Virus ist der Verursacher des sogenannten Katzen-Aids. Die gefährliche, nicht heilbare Immunschwäche wird hauptsächlich durch Bisse übertragen. Ein Impfschutz ist leider nicht verfügbar.

Tollwut verläuft für Katzen immer tödlich und ist unter den hier aufgeführten Infektionskrankheiten die einzige, die auch Lebensgefahr für den Menschen bedeutet. Die Virusinfektion wird durch den Speichel infizierter Tiere (z. B. Füchse sowie Mäuse und andere Nager) übertragen. Schutz bietet allein die Impfung. Sie ist auch für Wohnungskatzen empfohlen und bei Auslandsreisen Pflicht.

Die Aujeszkysche Krankheit gehört für Hunde und Katzen zu den schrecklichsten Virusinfektionen überhaupt: immer tödlich, extrem schmerzhaft, verbunden mit unstillbarem Juckreiz und Tob-

suchtsanfällen. Es gibt weder Therapie noch Impfschutz, doch bleibt ein großer Trost: Die einzige Ansteckungsquelle für unsere Haustiere ist der Verzehr von rohem Schweinefleisch. Dieses also sollte auf Kätzchens Speisezettel absolut tabu sein. Falls Sie für Ihr Samtpfötchen gelegentlich Rinder- oder Beefsteakhack kaufen, achten Sie zur Sicherheit darauf, dass es vom Metzger nicht durch denselben Fleischwolf gedreht wurde wie das Schweinemett. Und garen Sie jedes Fleisch, dessen Herkunft Sie nicht genau kennen, lieber gut durch.

Effiziente Parasitenabwehr

Würmer: Meist sind es Spulwürmer, die ein Kätzchen plagen, manchmal auch Bandwürmer. Ihr Tiger kann sich die Parasiten beispielsweise durch den Verzehr von Mäusen oder von infiziertem

Kätzchens Hausapotheke

Richten Sie Ihrem Kätzchen seine eigene Hausapotheke in einem separaten Schränkchen ein. Und das sollte drin sein:

○ Hilfsmittel: Pinzette und Schere mit abgerundeten Spitzen, Zeckenzange, Digital-Fieberthermometer, Vaseline zum Einfetten, Einwegspritzen (ohne Nadel) zum Eingeben von flüssiger Medizin oder bei großer Schwäche auch von Nahrung.

○ Verbandmaterial: Verbandmull, sterile Binden, Wundauflagen, Verbandwatte, Leukoplast.

○ Wundbehandlung: Mittel zum Desinfizieren von Wunden, Wund- und Heilsalbe (beides katzenverträglich).

○ Gegen Parasiten: Floh- und Entwurmungsmittel (vom Tierarzt).

○ Medikamente: Nur bei Bedarf und nach Absprache mit dem Tierarzt.

○ Sanfte Medizin: Bachblüten-Notfalltropfen (Rescue Remedy) ohne Alkohol zur Beruhigung in Stresssituationen, Heilerde (bei Durchfällen).

○ Sonstiges: Rettungsfolie oder Plaid zum Schutz vor Auskühlung, Kältepack (bei Wespen- und Bienenstich an den Pfoten), kleine Plastikbeutel zum Schutz von Pfoten-Verbänden, Einmal-Handschuhe.

rohem Fisch oder Fleisch einfangen. Doch auch Flöhe können Zwischenwirte für Würmer sein. Für den Fall des Falles gibt es beim Tierarzt das richtige Medikament. Hat Ihr Kätzchen Freilauf, sollten Sie seinen Kot alle drei Monate vom Tierarzt untersuchen und es notfalls entwurmen lassen. Bei Wohnungskätzchen genügen ein bis zwei Untersuchungen jährlich. Bitte beachten Sie: Würmer können über den Kot auf Menschen, besonders auf Kinder, übertragen werden. Beugen Sie daher rechtzeitig vor.

Flöhe: Kratzt sich Ihr Hausgenosse exzessiv, hat er vermutlich Hautparasiten, meist Flöhe (→ Seite 78). Mit den neuartigen Spot-on-Medikamenten vom Tierarzt lassen sie sich aber gut vertreiben. Allerdings muss auch die Umgebung mitbehandelt werden, damit nicht neue Flohgenerationen heranwachsen. Bester Helfer im Flohkampf ist Ihr Staubsauger – mit einer Ladung Flohpuder im Beutel. Liegedecken und Kissen behandeln Sie mit Anti-Floh-Umgebungsspray und waschen sie danach: Schließlich soll das Spray mit den Flöhen in Berührung kommen, aber nicht mit Ihrer Katze. Trockene und schuppige oder nässende Ekzeme sind übrigens oft eine allergische Reaktion auf Flohbisse. Auch hier wird der Tierarzt ein entsprechendes Medikament verordnen.

Zecken: Darf Ihr Vierbeiner ins Freie, sollten Sie ihn von Frühjahr bis Herbst täglich auf Zeckenbefall untersuchen. Zeckenbisse können Borreliose übertragen, eine Krankheit, die Gelenke, Herz und andere Organe schädigt. Je eher Sie die Parasiten mit der Zeckenzange entfernen, desto geringer ist die Gefahr.

Milben: Nicht immer liegt es am Flohbefall, wenn ein Kätzchen ständig Juckreiz verspürt. Es können auch Milben

Vorbeugen ist besser als Heilen. Das gilt auch für Kätzchens Gesundheit. ▶

dahinterstecken, die Räude und räude-ähnliche Erkrankungen oder – falls es sich um Ohrmilben handelt – Taubheit verursachen. Je eher der Tierarzt diesen Spinnentieren den Garaus macht, desto weniger muss das Samtpfötchen leiden.

Pilze: Hautveränderungen, die mit Haarausfall oder Haarbruch einhergehen, sprechen für eine Pilzinfektion, insbesondere Kahlstellen mit rotem Rand. Auch hier kann die Devise nur heißen: So schnell wie möglich zum Tierarzt! Verläuft die Diagnose positiv, ist absolute Hygiene oberstes Gebot – und Streicheln ohne Handschuhe verboten. Denn Pilzinfektionen können leicht auch auf den Menschen übertragen werden. Sie lassen sich aber glücklicherweise bei uns Zweibeinern einfacher behandeln.

Mikroparasiten

Leidet Ihr Kätzchen öfter unter Durchfall? Dauert er länger als zwei Tage, ist unbedingt ein Tierarztbesuch fällig. Am besten nehmen Sie eine Kotprobe mit. Ursache kann eine Infektion mit Kokzidien sein – mikroskopisch kleine Parasiten, die die Darmschleimhaut schwer schädigen können. Mithilfe des Tierarztes ist die Sache aber gut in den Griff zu bekommen. Das gilt auch für eine Infektion mit Giardien, ebenfalls mikroskopisch kleinen Darmparasiten. Die Krankheit löst Durchfälle aus und geht mit starken Blähungen einher.

Toxoplasmose: Auch der Erreger der Toxoplasmose ist ein Mikroparasit. Er verursacht beim Kätzchen höchstens Appetitlosigkeit und leichtes Fieber. Für schwangere Frauen jedoch kann er ge-

fährlich werden und das Ungeborene schädigen. Aber keine Sorge – das Kätzchen muss nicht weggegeben werden, wenn ein Baby kommt (→ Seite 132). Viele Frauen haben in ihrem Leben bereits unbemerkt eine Toxoplasmose-Infektion durchgemacht, ein Test gibt darüber Auskunft. Verläuft er positiv, bedeutet das: Es besteht keine Gefahr für Mutter und Kind. Auch das Kätzchen kann getestet werden: Drei Kotuntersuchungen im Abstand von je zwei Tagen zeigen, ob es Toxoplasma-Oozysten ausscheidet oder nicht. Scheidet es keine aus und lebt nur in der Wohnung, geht von ihm nicht die geringste Gefahr aus. Aber selbst im anderen Fall lässt sich das Risiko mit ein paar Vorsichtsmaßnahmen ausschließen: Kein rohes Fleisch essen und keines verfüttern, keine Gartenarbeit machen (Gartenerde ist häufig

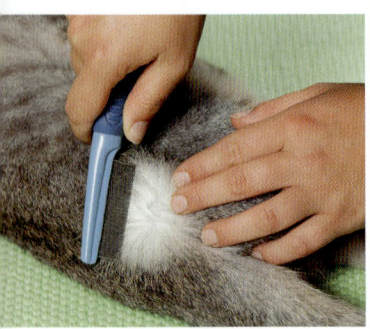

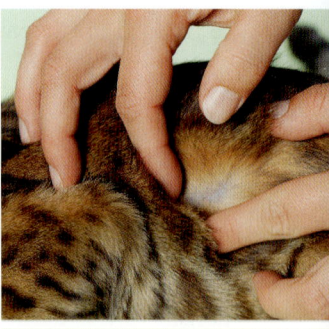

2 **Ohrmilben** Bei einem Befall mit Ohrmilben verschreibt der Tierarzt Ohrentropfen. Vorsichtig eingeben und die Öhrchen leicht massieren, dann kann Kätzchen den hässlichen Spuk bald vergessen.

1 **Parasiten im Fell** Kontrollieren Sie, was im Ungezieferkamm hängen bleibt, und ob dunkle Krümel auf die Unterlage fallen. Sie stammen von Flöhen.

3 **Zecken** Kätzchen, die frei durchs Gelände streifen, sollten täglich auf Zecken kontrolliert werden. Diese werden unverzüglich mit der Zeckenzange entfernt.

infiziert), die Säuberung der Katzentoilette an ein Familienmitglied delegieren oder dabei Handschuhe tragen.

Alarmzeichen erkennen

Der regelmäßige Gesundheitscheck (→ Seite 54, 78/79) zeigt Ihnen, ob mit dem Kätzchen alles in Ordnung ist. Was aber tun, wenn es keinen Appetit hat, kaum auf Ihre Ansprache reagiert und nicht sein gewohntes Neugierverhalten zeigt? Wenn es unruhig umhertigert oder sich völlig zurückzieht? In diesen Fällen sollten bei Ihnen die Alarmglocken klingen, denn dahinter kann eine Krankheit stecken. Oft ist es aber auch nur eine vorübergehende Unpässlichkeit, die das Tier mit Ihrer Hilfe schnell überwindet.
Wichtige Faustregel: Konsultieren Sie unbedingt den Tierarzt, wenn der Zu-

stand über zwei Tage anhält. Diese Frist gilt auch für die meisten anderen Symptome, selbst wenn sie nicht mit den oben geschilderten Verhaltensänderungen einhergehen sollten.

Symptome im Überblick

Appetitlosigkeit: Ursachen sind z. B. Stress, Magenverstimmung oder Infekte. Schauen Sie dem Kätzchen ins Maul: Eine dunkle Verfärbung der Schleimhaut und unangenehmer Geruch sprechen für eine Zahnfleischentzündung – das Fressen ist schmerzhaft.
Augenprobleme: Ein tränendes oder geschlossenes Auge kann Anzeichen einer Bindehaut- oder Hornhautentzündung sein. Erste Hilfe: Augenwinkel mit Fencheltee reinigen, Zugluft meiden.
Durchfall: Häufige Reaktion auf ungewohntes Futter, Anzeichen für Futterun-

verträglichkeit (Kuhmilch, zu kaltes Futter). Beobachten Sie Kätzchens Allgemeinzustand und bieten Sie ihm statt fester Nahrung Brühe an. Bei blutigem Durchfall sofort zum Tierarzt!

Erbrechen: Zu kaltes oder zu hastig verschlungenes Futter wie auch Haarballen gehören zu den harmlosen Ursachen. Es kann aber auch Wurmbefall dahinterstecken. Hört das Kätzchen nicht auf zu erbrechen oder ist dem Erbrochenen Blut beigemengt, deutet das auf eine Vergiftung hin. Sofort zum Tierarzt!

Husten: Kann Anzeichen einer Allergie sein oder auf einen Fremdkörper im Rachen hindeuten. Zusammen mit Niesen, Atembeschwerden und Fieber Anzeichen einer Infektionskrankheit. Sofort zum Tierarzt!

Krämpfe: Können Anzeichen für eine Infektion, Vergiftung oder Epilepsie sein. Werfen Sie dem Kätzchen eine Decke über und achten Sie darauf, dass es sich nicht verletzt. Sofort Tierarzt anrufen!

Kratzen: Weist auf Ungezieferbefall oder Allergie hin. Prüfen Sie, ob das Tier auch Hautauschlag hat – oft eine allergische Reaktion auf Flohspeichel.

Nickhautvorfall: Kann auf Wurmbefall oder andere Infektion hindeuten, kommt aber auch bei totaler Entspannung vor. Wirkt das Kätzchen schwach und krank, möglichst rasch zum Tierarzt.

Speicheln, Mäulchenreiben: Vermutlich ein Fremdkörper. Öffnen Sie das Mäulchen durch Druck auf die Mundwinkel, um ihn zu entfernen. Gelingt das nicht, sofort zum Tierarzt!

Taumeln, Einknicken: Infektion oder Vergiftung. Sofort zum Tierarzt – vorher Praxis benachrichtigen.

Unfallverletzung: Kätzchen vorsichtig aus der Gefahrenzone bringen, Praxis benachrichtigen, sofort zum Tierarzt!

Verstopfung: Möglicherweise hat das Kätzchen zuviel Trockenfutter gefressen, oder ein Haarballen sitzt im Darm fest. Massieren Sie leicht sein Bäuchlein, bieten Sie ihm eine Ölsardine an oder geben Sie ihm ein wenig Öl ins Futter. Hält die Verstopfung über Stunden an, unbedingt zum Tierarzt!

Krankenpflege für den kleinen Patienten

Wenn Ihr Kätzchen sich nicht wohlfühlt, wird es nicht klagen, sondern sich in einen ruhigen Winkel zurückziehen. Das Verhalten stammt aus dem Erbe der Vorfahren: Ein sichtlich kranker Jäger wird in der freien Natur schnell zur Beute oder zum Opfer. Sie unterstützen Ihr Kätzchen am besten, wenn Sie eine Doppelstrategie anwenden: Akzeptieren Sie sein Ruhe- und Rückzugsbedürfnis, behalten Sie es aber gleichzeitig im Auge.

Das Krankenbett

Richten Sie dem kleinen Patienten am besten ein Krankenlager in einem flachen, gut ausgepolsterten Karton ein. Manchmal ist es ratsam, die Polster mit einer

> **TIPP**
>
> ### Dampfbad für das Kätzchen
>
> Bei Atemwegsinfektionen sind Dampfbäder heilsam. Verwenden Sie jedoch niemals ätherische Öle – sie führen zu Erstickungsanfällen –, sondern Kamillentee. Setzen Sie das Kätzchen in den Transportkorb, platzieren Sie die dampfende Teeschüssel vor dessen Tür und fächeln Sie ihm mit einem Tuch den Dampf zu.

▲

Regelmäßige Gesundheitschecks und gute
Pflege beugen einigen »Krankmachern« vor.

Lage Windeln abzudecken, die Sie bei
Bedarf schnell wechseln können. Das
Krankenbett sollte an einem ruhigen,
zugfreien Platz stehen, Futter, Wasser
und das Katzenklo müssen gut erreich-
bar sein. Hat Ihr Patient etwas Ansteckendes und gehören noch andere Tiere
zur Familie, kommt die ganze Ausrüs-
tung in ein separates »Krankenzimmer«.

Der Pflegedienst

Ihr Tierarzt wird Ihnen sagen, was Sie
im Einzelnen für Ihr krankes Samtpfötchen tun können. Dazu gehören auch
Maßnahmen, die dem Kätzchen nicht
behagen. Reden Sie ihm freundlich und
ruhig zu, wenn Sie ihm ans Fell müssen.
Einige Maßnahmen führen Sie besser
mithilfe einer zweiten Person durch.
Fieber messen geht am besten zu zweit.
Einer hält den Patienten an Schultern
und Vorderpfoten fest, der andere führt
das mit Vaseline eingefettete Digitalther-
mometer in den After ein. Kätzchens
Normaltemperatur liegt bei 38 bis 39 °C.

Medikamente akzeptiert Ihr Kätzchen
vielleicht, wenn sie in Leckerbissen
(etwa Beefsteak- oder Lammhack-Kü-
gelchen) versteckt sind oder zerkleinert
in eine kleine Portion des Lieblingsfut-
ters gegeben werden. Falls das nicht
klappt, geht man zu zweit vor: Einer hat
das Kätzchen fest im Griff, der zweite
hält die Tablette zwischen Daumen und
Zeigefinger der rechten Hand, umfasst
mit der linken Hand Kätzchens Kopf
und drückt mit Daumen und Zeigefinger leicht auf die Mundwinkel. Mit dem
Mittelfinger der rechten Hand drückt er
den Unterkiefer vorsichtig nach unten
und deponiert die Tablette tief in Kätzchens Rachen. Mäulchen mit der Hand
geschlossen halten, über die Kehle streicheln, um den Schluckreflex auszulösen.
Flüssige Medikamente und flüssige
Nahrung gibt man mit einer Plastik-
spritze (ohne Nadel) seitlich in die
Mundhöhle. Ober- und Unterkiefer
leicht zusammendrücken, Lippen mit
der linken Hand nach oben schieben
und mit der rechten die Flüssigkeit
schluckweise eingeben.
Infrarot-Bestrahlungen aus einem halben Meter Entfernung können bei Atem-
wegsproblemen helfen – vorausgesetzt,
das Tier ist fieberfrei. Das Angenehme
dabei: Ihr Kätzchen lässt es sich sicher
gern gefallen. Nehmen Sie es auf den
Schoß und genießen Sie gemeinsam mit
ihm zehn Minuten Bestrahlungszeit.
Unterstützung bei der Fellpflege erhält
Ihr Kätzchen, wenn es zu schwach ist,
um sich selbst zu putzen. Arbeiten Sie
dabei ganzheitlich: Tränken Sie ein Wat-
tepad mit warmem Wasser, drücken Sie
ihn aus und führen Sie ihn in leichten
Streichbewegungen vom Köpfchen aus
über das Fell wie eine liebevolle Katzenzunge. Das trägt zum Wohlfühlen bei.

Erwachsen werden

Ein Kätzchen bringt die Zeit zum Rasen und den Menschen zum Staunen: Innerhalb weniger Wochen ist aus dem tapsigen Katzenkind ein gewandter Teenager geworden. Und der fängt bald an, sich für das andere Geschlecht zu interessieren.

MIT SECHS, SIEBEN Monaten hat ein Kätzchen seine bleibenden Zähne und einen elegant proportionierten Körper. Für die »Wilden« beginnt um diese Zeit der Ernst des Lebens – der Familienverband löst sich auf, oft genug, weil die Mutter ihren Nachwuchs davonjagt. Wenig später regt sich auch der Sexualtrieb. Kätzinnen werden etwa zwischen dem siebten und neunten Lebensmonat geschlechtsreif, bei Katern kann es noch ein paar Wochen länger dauern.

Früher, als man denkt

Bei Siamesen und anderen Schlankrassen zeigen Weibchen oft schon im Alter von fünf Monaten erste Anzeichen sexueller Aktivität, in Ausnahmefällen sogar bereits mit vier. Und auch bei anderen Kätzchen in unserer Obhut kann es früher losgehen.
»Aber das sind doch noch Kinder«, sagen Sie jetzt vielleicht – und Sie haben Recht. Die »Kinder« sollten keinesfalls Babys kriegen: Zu frühe Mutterschaft überfordert die Jungtiere, sodass sie häufig ihren Nachwuchs vernachlässigen. Außerdem gibt es bei solchen Geburten oft Komplikationen. Davon abgesehen: Pro Wurf bringt eine Katze im Durchschnitt vier bis fünf Junge zur Welt – können Sie jedem ein liebevolles Zuhause garantieren?

Unverkennbare Anzeichen

Achten Sie also darauf, wann es bei Ihrem Kätzchen soweit ist. Falls Sie ein Katzenpärchen haben, ist doppelte Wachsamkeit gefragt. Doch keine Sorge: Die Anzeichen sind nicht zu übersehen.

Rollige Mädchen

Katzenmädchen tigern unruhig umher, umtänzeln ihre Menschen mit hochgerecktem Hinterteil und wälzen sich mit akrobatischen Verrenkungen auf dem Boden. Sie gurren wie ein Nest voller Tauben, und auf dem Höhepunkt der Hitze oder Rolligkeit schreien sie in allen Tonlagen nach einem Kater. Manche versprühen auch kleinere Mengen Urin – bevorzugt an Vorhangsäume.

Spielerisches Wälzen oder etwa schon die ersten Anzeichen von Rolligkeit? Wenn das Kätzchen dazu gurrt und sehnsüchtige Rufe ausstößt, ist sein Geschlechtstrieb erwacht. ▶

Das Ganze passiert normalerweise zwei- bis dreimal im Jahr und dauert jeweils eine Woche. Während dieser Zeit setzt die Katze alles daran, ihr Bedürfnis zu stillen – und entwischt selbst durch schmalste Tür- und Fensterspalten. Ist die Rolligkeit wieder abgeklungen, hat Madame mit Katern in aller Regel nicht mehr viel im Sinn. Also die Zeit irgendwie durchstehen und die Katze vom

der Urin, den der Kater nach wie vor in der Toilette absetzt, ist durchtränkt mit diesem penetranten »Parfüm«. Brave Wohnungskater drängen mit Macht ins Freie und gehen auf Brautsuche. Gefahren sind ihnen dabei völlig schnuppe. Die Jungs scheuen im Hormonrausch nicht einmal Kämpfe mit überlegenen Rivalen, mögen die auch noch so laute Drohgesänge aufführen. Wohnungskater im »Doppelpack« verwandeln sich von Sport- und Spielkameraden in kleine »Sex-Maniacs«, die

WUSSTEN SIE SCHON, DASS …

…kastrierte Katzen länger und gesünder leben?

Kastrierte Katzen haben eine um rund fünf Jahre höhere Lebenserwartung als ihre fruchtbaren Artgenossen. Kater leben nach dem Eingriff weniger gefährlich und unfallträchtig. Und Kätzinnen sind nicht nur vor Trächtigkeit und Scheinschwangerschaft geschützt, sondern auch vor Gesäugetumoren und Gebärmutterentzündung. Letztere kommen bei fruchtbaren Tieren relativ häufig vor und können tödlich sein, wenn sie nicht rechtzeitig erkannt werden.

Kater fernhalten? Unmöglich! Selbst bei Wohnungskatzen, die nie einen Kater zu Gesicht bekommen haben, bricht sich der Sexualtrieb Bahn und führt früher oder später zu einer Art Dauerbrunst – extrem frustrierend für die Tiere und nervenzerfetzend für ihre Menschen.

Dufte Jungs

Dass sich beim Kater der Sexualtrieb regt, zeigt sich zuerst am Geruch. Sein Urin »duftet« plötzlich eindeutig nach Raubtierhaus und wird freigebig versprüht – auch in der Wohnung. Selbst

dauernd versuchen, einander zu begatten. Im Frühjahr und Herbst wandeln die Kater besonders oft auf Freiersfüßen. Für ihre sexuelle Aktivität gibt es aber keine zeitliche Begrenzung: Für eine rollige Katzendame ist so ein Romeo allzeit bereit.

Unkastrierte Kater in der Wohnung zu halten ist schon wegen der Geruchsbelästigung unmöglich. Sie draußen frei umherlaufen zu lassen ist unverantwortlich: Ein Kater kann in wenigen Tagen Dutzende von Kätzchen zeugen, die ein ungewisses Schicksal erwartet.

Viel früher, als man denkt, entdecken
Katzenkinder den Sex – und können selbst
schon Nachwuchs in die Welt setzen

Die Lösung des Problems

Wie Sie es auch drehen und wenden:
Die Kastration ist die beste Lösung – für
beide Geschlechter. Mit der Entfernung
der Keimdrüsen wird nicht nur die
Fortpflanzungsfähigkeit, sondern auch
der Trieb ausgeschaltet. Schluss mit
Gurren, Wälzen, Schreien; Schluss mit
Liebeshändeln, Gesang und Gestank.
Wann operieren? Mit Eintritt in die
Geschlechtsreife ist der richtige Zeitpunkt für die Kastration erreicht. Machen Sie mit dem Tierarzt einen Termin
aus und legen Sie ihn am besten so, dass
Sie zu Hause sein können, wenn der
kleine Patient sich Stunde für Stunde
von OP und Narkose erholt.

Der Eingriff

Die Operation selbst ist für jeden Tierarzt Routine: Beim Kater werden unter
Narkose die Hoden ausgeschält und der
Samenstrang abgebunden. Der Eingriff
dauert kaum 20 Minuten. Bei der Katze
ist die Operation etwas aufwendiger, da
ein Bauchschnitt nötig ist. Der Tierarzt
entfernt die Eierstöcke und einen Teil
der Gebärmutter, danach wird die Wunde genäht. Die ganze Prozedur dauert
etwa eine Stunde. Eventuell ist nach
einigen Tagen ein weiterer Praxisbesuch
notwendig, um die Fäden zu ziehen.

Häusliche Pflege

Der noch recht benommene Patient
sollte daheim ein Lager mit warmen
Decken an einem ruhigen Platz vorfinden sowie eine Katzentoilette und
Trinkwasser in der Nähe. Alles zu ebe-
ner Erde, damit das Kätzchen erst gar
nicht in Versuchung kommt zu springen. Futter gibt es erst wieder, wenn das
Tier sich einigermaßen normal bewegt
und nicht mehr benommen ist. Bleiben
Sie in der Nähe, reden Sie mit Ihrem
Kätzchen und sehen Sie dabei zu, wie
es sich langsam erholt. Manche Samtpfoten sind für Streicheleinheiten noch
nicht so recht zugänglich, andere genießen sie. Und schon am nächsten Morgen wird Ihr Samtpfötchen viel unternehmungslustiger sein. Ein paar Tage
Stubenarrest sollte der Patient trotzdem
bekommen, damit die Wunde durch
übermäßige Bewegungen nicht aufplatzt
und es keine Infektionen gibt.

*Sie sind doch
noch Kinder – und
sollten deshalb
lieber keine Babys
bekommen.*

Fördern, spielen und erziehen

Über sein Jagdhandwerk und den Umgang mit Artgenossen hat Ihr Kätzchen schon (fast) alles Wissenswerte gelernt. Jetzt folgt der zweite Teil seiner Ausbildung – mit Ihnen als Lehrer.

Die Kunst der Katzenerziehung

»Katzen kann man nicht erziehen« heißt es immer wieder. Ihr Kätzchen ist der beste Beweis für das Gegenteil: Wenn es zu Ihnen kommt, hat es bereits eine hervorragende Erziehung genossen. Als kluger Katzen-Coach können Sie darauf aufbauen.

EINE GUTE KINDERSTUBE ist Gold wert. Auch Katzenkinder lernen dort für ihr ganzes Leben und ergattern dabei im Idealfall einen wahren Schatz an Fähigkeiten. Einige, wie etwa die Beutejagd, die Putzrituale, die vielfältige Laut- und Körpersprache mitsamt ihren Droh- und Imponiergesten, sind bereits angeboren und müssen nicht im eigentlichen Sinn gelernt werden. Sie werden aber in der Katzenkinderstube wieder und wieder ausgeführt – auch um die Instinkte wachzuhalten. Klassisches Lernen kommt ebenfalls nicht zu kurz, wie das Beispiel der Katzentoilette zeigt: Zum angeborenen Verhalten von Katzen gehört es zwar, die Ausscheidungen zu verscharren. Die Benutzung des »Kistchens« schauen sich die Kleinen aber von der Mama ab. So ist Ihr Kätzchen in der Regel stubenrein, wenn es zu Ihnen kommt – ein Riesenvorteil, der Ihnen eine Menge Erziehungsarbeit erspart.

Konsequenz muss sein!

Mama Katze hat beste Vorarbeit geleistet und ihren Kleinen mitunter drastisch klargemacht, was passiert, wenn sie ihre Grenzen überschreiten. So hat das Samtpfötchen verinnerlicht, wie man sich unter Katzen zu benehmen hat, und dass man sich mit den Artgenossen im Revier arrangieren muss. Als Artgenossen betrachtet es auch die Mitglieder seiner neuen Menschenfamilie. Das heißt, Ihr Kätzchen ist bereit, sich mit Ihnen zu arrangieren und einmal ausgehandelte Regeln zu akzeptieren. Wenn das kein guter Ansatzpunkt für erfolgreiche Erziehung ist! Freilich erwartet Samtpfötchen, dass auch Sie die kätzischen Umgangsregeln beherzigen. Die besagen in erster Linie: Befehle zählen nicht – man trifft Arrangements. Und: Einmal geschlossene Verträge gelten! Konsequenz muss also sein.

Freundliche ▶ Annäherung: In seiner Kinderstube hat das Kätzchen schon fleißig geübt, wie es sich seinen Artgenossen gegenüber am besten verhält.

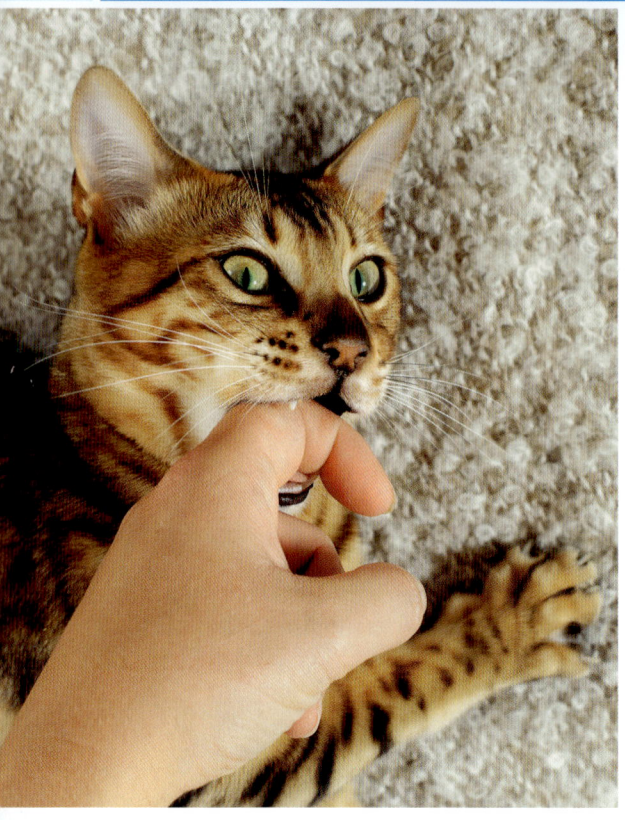

◀ *Ein Biss im Eifer des (Spiel-)Gefechts? Dann am besten das Spiel abbrechen.*

Fördern und anregen

Ihr kleiner Kobold hat noch einiges zu lernen, bis er zu einem angenehmen, wohlerzogenen Hausgenossen geworden ist. Richten Sie Ihre Aufmerksamkeit aber nicht nur auf das, was (noch) fehlt, sondern vor allem auf das, was er kann – auf die angeborenen Verhaltensweisen, die er mit Wonne immer wieder im Spiel geübt hat. Geben Sie ihm viel Gelegenheit zum Spielen – und machen Sie mit! Das ist das beste Förderprogramm: für körperliche Fitness und Beweglichkeit, für die Sinne und fürs Köpfchen – kurzum für den Spaß am Katzenleben. Das eigentliche Lernen geht dann fast wie von selbst: Ihr Kätzchen stellt sich im Spiel auf Sie ein und begreift schnell, welches Verhalten bei Ihnen gut ankommt – also mit Lob, Aufmerksamkeit,

Streicheleinheiten und ab und zu einem Leckerchen belohnt wird. Positive Verstärkung ist der beste Lehrmeister.

Ein Kernrevier definieren: Zur richtigen Förderung gehört auch die katzengerechte Umgebung (→ ab Seite 30). Hier findet es jede Menge Anregungen, aber auch seine Ruhe, Futter für die Neugier und Geborgenheit – sowie die schöne Gewissheit, dass ihm nicht dauernd Beschränkungen auferlegt werden. Ein solches Umfeld ist günstig für Kätzchens natürliche Intelligenz. Kann es dagegen seine Verhaltensweisen überhaupt nicht ausleben und bekommt immer nur Verbote zu hören, zieht es sich in sich selbst zurück und stumpft irgendwann ab. Falls der kleine Revierboss versucht, Sie unterzubuttern, dürfen Sie ihm Grenzen setzen. Auch das ist Förderung, denn Ihr Kätzchen lernt so, in seinem Revier noch besser zurechtzukommen und gute Beziehungen zu den zweibeinigen Mitbewohnern zu entwickeln. Darf es sich dagegen zum Alleinherrscher aufschwingen, lebt es ebenso wenig artgerecht wie das unterdrückte Kätzchen, dem alles verboten wird.

Erziehung – zwischen Wollen und Sollen

Ihr Kätzchen weiß, was es will, und Sie haben eine Vorstellung davon, was es soll: seine Geschäfte am dafür vorgesehen Ort verrichten, sich von bestimmten Plätzen fernhalten, nicht an Polstermöbeln, Teppichen oder Tapeten kratzen und auch sonst keine lästigen Angewohnheiten entwickeln. Und natürlich sollte es kommen, wenn Sie seinen Namen rufen – auch wenn es gerade etwas ganz anderes im Sinn hat.

Wollen und Sollen in Einklang zu bringen gehört zur hohen Kunst der Katzenerziehung. Keine Sorge, gar so schwierig ist es nicht. Wenn Sie nicht rücksichtslos Ihre Vorstellungen durchsetzen wollen, sondern Verständnis für Kätzchens Wünsche, Vorlieben und Eigenarten zeigen, wird es Ihnen entgegenkommen und sich umso leichter in seine neue Familie integrieren. Schließlich haben Katzen und Menschen eine gemeinsame Fähigkeit: Beide können Kompromisse schließen und tragfähige Arrangements treffen. Wenn Sie Ihren Teil beitragen, dürfen Sie von einem wohlerzogenen Kätzchen eine ganze Menge erwarten:

Stubenreinheit

Meist hat Kätzchen bereits in der Kinderstube gelernt, was es mit dem »Kistchen« auf sich hat. Zudem ist ihm das Scharren nicht nur angeboren, es hat auch Spaß daran. Allerdings nur, wenn die Katzentoilette sauber ist und sicher steht (→ Seite 41).

Ihr Teil des Arrangements: Ein sauberes, standfestes, mit der richtigen Streu gefülltes und gut erreichbares Katzenklo bereitzustellen ist Ihre Aufgabe. Sorgen Sie auch dafür, dass es an einem ruhigen Platz steht, wo nichts und niemand ein ins »Geschäft« vertieftes Kätzchen erschrecken kann. Sollte es trotzdem noch nicht so richtig klappen mit der Toilettenbenutzung, braucht Kätzchen ein wenig Nachhilfe: Sobald es sich anders-

1 **Pure Verführung** Auch wenn Kätzchen sich wenig aus Süßigkeiten machen, ja, sie nicht einmal schmecken können, ist die Neugier groß: Wenigstens einmal probieren, was die »Superkatze« da hingestellt hat.

2 **Sofort einschreiten** Dass Kätzchen hier auf verbotenen Pfaden wandelt, macht ihm die »Superkatze« mit einem scharfen »Nein« und dem erhobenen Zeigefinger klar. Das erinnert an Katzenmamas Nasenstüber.

wo umschaut, schnuppert und schon einmal zur Probe scharrt, tragen Sie es zum richtigen »Örtchen« und loben Sie es sehr, wenn es dort zur Tat schreitet. Oder setzen Sie es anfangs häufiger auf die Toilette und loben Sie es für jeden Erfolg. Malheure dagegen, die Sie erst nach der »Tat« entdecken, werden ignoriert und stillschweigend beseitigt.

Tischmanieren

Sein Essplatz ist Kätzchens ureigenstes Gebiet, und dort gilt seine »Esskultur«. Dazu gehört durchaus, schon einmal

---

Wer kleinen Aufsteigern eigene Kletterobjekte zur Verfügung stellt, darf sich solche Eskapaden verbitten.

Futterbröckchen aus dem Napf zu holen und nach nebenan zu befördern – für ein Raubtierchen ist Spiel mit dem Futter nichts Ungewöhnliches. Wenn Sie das Fressgeschirr auf eine abwaschbare Unterlage stellen, landen die Bröckchen dort und nicht unter Ihren Füßen.

Ihr Teil des Arrangements: Kätzchen bekommt regelmäßig seine Mahlzeiten in sauberem Geschirr serviert und frisst dafür ausschließlich am Futterplatz. Damit sorgen Sie auch für gute Manieren am Menschentisch: Ihr Samtpfötchen lernt schnell, dass Betteln sich nicht lohnt, wenn keine Fleischstückchen von Ihrem Tisch fallen. Natürlich darf es gelegentlich einen Leckerbissen aus der Menschenküche probieren: Aber bitte nur am Futterplatz.

Tabuzonen meiden

Katzenneugier kennt keine Grenzen, und natürlich will der kleine Revierboss auch den letzten Winkel seines Territoriums erkunden. Auch in einer weitgehend katzensicheren Wohnung gibt es jedoch Plätze, an denen ein Kätzchen zu Schaden kommen oder Schaden anrichten kann. Die müssen vom Revierrecht ausgenommen sein. Dazu zählen etwa Herd, Computertastatur, Küchenanrichte, Esstisch, Putzmittelschrank usw. Sobald Ihr Samtpfötchen Kurs auf einen dieser Plätze nimmt, stoppen Sie es mit einem lauten »Nein« oder klatschen in die Hände. Wenn diese Maßnahmen noch nicht ausreichend sind, verleiden Sie dem Tier den Zugang – etwa mit doppelseitigem Klebeband. Einen Platz, an dem sie sich einmal klebrige Pfoten geholt haben, meiden Kätzchen meist.

Ihr Teil des Arrangements: Sie errichten im Revier Ihres Vierbeiners nur wenige Sperrzonen, lassen Ihrem Kätzchen viel

Bewegungsraum und verschaffen ihm ausreichend Möglichkeiten für eine katzengerechte Betätigung.

Kratzlust kontrollieren

Krallenwetzen ist für Katzen lebenswichtig und daher wie so viele Antriebe mit einer großen Portion Lust besetzt. Die überfällt ein Kätzchen gern einmal am falschen Platz: Vor allem Polstermöbel und Teppiche werden unter die Kralle genommen. Soll Ihre Einrichtung nicht binnen Kurzem stark ramponiert aussehen, lassen Sie sich das nicht bieten.

Ihr Teil des Arrangements: Natürlich müssen Sie der kleinen Kratzbürste attraktive Wetzgelegenheiten zur Verfügung stellen. Wann immer sie ihre Krallen ins falsche Objekt schlagen will, wird das scharfe »Nein« oder Händeklatschen fällig; auch der erhobene Zeigefinger kann als Stoppsignal wirken. Lenken Sie das Tier mit einem Spielangebot ab und locken Sie es zu seinem Kratzbaum. Ermuntern Sie es zum Kratzen – indem Sie selbst mit den Fingernägeln über die Fläche fahren. Bloß nicht das Pfötchen führen, denn das mögen Katzen nicht. Loben Sie Ihr Tier, wenn es Ihren Vorschlag annimmt, und sparen Sie nicht mit Zuspruch, wenn Sie es zufällig am richtigen Objekt kratzen sehen. Eine so angenehme Erfahrung möchte Ihr Kätzchen natürlich gern wiederholen. Wappnen Sie sich trotzdem mit Geduld und Ausdauer – Sie wissen schon: Spontane (Kratz-)Lust ist ein mächtiger Drang.

Unarten ablegen

Selbst unartige Kätzchen wirken unwiderstehlich niedlich: ob sie nun an Menschenbeinen oder Gardinen hochklettern, Jagd auf Waden machen, alles klauen, was nicht niet- und nagelfest ist,

---

CHECKLISTE

Erziehungsregeln

Katzenerziehung ist eine Kunst – und wie jede Kunst folgt sie ihren eigenen Regeln. Hier sind die wichtigsten im Überblick zusammengefasst. Bitte beherzigen Sie diese konsequent:

○ Rücksicht: Katzen haben ihren eigenen Kopf. Sie ersparen sich viel Frust, wenn Sie das berücksichtigen.

○ Klare Linie: Machen Sie bei Ihren Spielregeln keine Ausnahmen. Inkonsequenz verwirrt nur.

○ Wenige Verbote: Seien Sie sparsam mit dem Aufstellen von Verboten. Und setzen Sie die wenigen wachsam, konsequent und freundlich durch.

○ Schnelle Reaktion: Ihr Kätzchen lebt im Hier und Jetzt. Was es vor vielleicht zwei Minuten angestellt hat, ist bereits »Schnee von gestern«. Reagieren Sie daher stets sofort und deutlich auf die Aktionen Ihres Kätzchens: auf unerwünschtes Verhalten mit einem scharfen »Nein«, auf erwünschtes Verhalten dagegen mit Lob, Zuspruch und Belohnung.

○ Keine Strafen: Hat Ihr Kätzchen eine »Missetat« begangen, sollten Sie es auf keinen Fall anschreien oder gar schlagen. Es versteht nicht, weshalb Sie es so hart maßregeln, und verliert sein Vertrauen.

oder Papierkörbe ausräumen und den Inhalt zu Konfetti verarbeiten. Die Liste möglicher Missetaten lässt sich erweitern, Katzenkinder sind kreativ. Das Dumme dabei: Was wir anfangs niedlich finden, wird mit der Zeit lästig. Und dann ist es schwierig, etwas dagegen zu unternehmen. Stoppen Sie also Kätzchens Eskapaden mit dem scharfen »Nein« oder Händeklatschen schon im Ansatz. Oder

ist in unseren Augen extrem ungezogen – für einen typischen Beutegreifer jedoch ein völlig normales Verhalten. Lassen Sie also Essbares nicht unbewacht herumstehen und lassen Sie nichts herumliegen, was sich ein Kätzchen nicht unter die Kralle reißen darf.

Hören und gehorchen

Sie wissen schon: Familie Felidae hat den Gehorsam nicht erfunden. Erwarten Sie also nichts Unmögliches von

WUSSTEN SIE SCHON, DASS …

… vernünftige Verbote die Intelligenz fördern?

Völlig frei sein ohne jede Einschränkung durch Verbote – wäre das nicht ein herrliches Katzenleben? Nein! Ein Kätzchen, das alles darf, wird dumm. Sein Verhaltensrepertoire verarmt. Auch im »freien« Katzenleben gibt es Einschränkungen, etwa durch natürliche Reviergrenzen oder »Übereinkünfte« mit Artgenossen. Für Wohnungskatzen hat eine – kleine! – Anzahl von Verboten die gleiche Funktion. Und: Sie machen Kätzchen auch erfinderisch.

auch mit dem erhobenen Zeigefinger in Richtung Näschen: Er erinnert Ihr Samtpfötchen an Mamas Nasenstüber. **Ihr Teil des Arrangements:** Eine anregende Umgebung schaffen und viele Spielangebote machen. So macht sich keine Langeweile breit, und Kätzchen kommt nicht auf dumme Ideen.

Konfliktstoff vermeiden

Sie ersparen sich viel Erziehungsfrust, wenn Sie bestimmte Konflikte von vornherein vermeiden. Stehlen beispielsweise

Ihrem Tiger. Sie dürfen aber durchaus erwarten, dass er auf seinen Namen hört. Der sollte für das Tier angenehm klingen (→ Tipp, Seite 58) und mit Angenehmem verbunden sein. Sagen Sie seinen Namen also nicht, wenn Sie sich gerade über den kleinen Kobold ärgern, Sie ihn von etwas abhalten wollen oder Sie mit ihm schimpfen. Sprechen Sie seinen Namen dagegen immer wieder aus, wenn Sie das Kätzchen streicheln, mit ihm spielen, seine Mahlzeiten servieren oder ihm einen Extra-Leckerbissen reichen. Mit der Zeit lernt es, dass

Das lernt jedes Kätzchen schnell und gern:
Erwünschtes Verhalten wird mit Lob, Aufmerksamkeit und auch mal einem Leckerbissen belohnt.

der Name zu ihm gehört und kommt (meist) auch herbei, wenn Sie es rufen. Es wird freilich auch dann und wann passieren, dass die Samtpfote Ihren Ruf mit einem freundlichen Maunzen beantwortet und bleibt wo sie ist – unter Katzen eine durchaus übliche Verhaltensweise. Als »Komm-her-Signal« sollten Sie dann lieber die Tischglocke oder die Trockenfutterpackung (rasselt schön) einsetzen.

Mein Tipp: Mit Kommandos können Sie bei Katzen nicht allzu viel ausrichten. Freundliche Bitten dagegen zeigen oft durchaus Wirkung. Probieren Sie es einmal aus, wenn Sie Ihr Kätzchen von einem Platz wegkomplimentieren oder zu sich locken wollen: Wenn es klappt, hat Kätzchen nicht etwa jedes Wort verstanden, sondern Ihre Körpersprache perfekt »gelesen«.

Ohne Strafe geht es besser!

Den Unterschied zwischen erwünschtem und unerwünschtem Verhalten begreift Ihr Kätzchen nur, wenn Sie sofort reagieren: am besten im unmittelbaren Vorfeld der Aktion, allenfalls noch während der Untat. Sie wissen ja schon: Reaktionen im Nachhinein verbindet das Samtpfötchen nicht mit seinem Tun. Strafen können Sie also getrost vergessen. Schläge und andere Handgreiflichkeiten verbieten sich ohnehin, schon wegen der unterschiedlichen Kräfteverhältnisse. Lautstarke Schimpftiraden machen dem Kätzchen Angst, haben aber keinerlei Lerneffekt, und

Ins-Gewissen-Reden nützt auch nichts, weil unsere Samtpfoten so etwas wie ein schlechtes Gewissen gar nicht kennen. Wie aber soll nun der kleine Racker lernen, was richtig und was falsch ist? Es ist einfacher, als Sie vielleicht denken:

▸ Wann immer Sie sehen, dass Ihr Minitiger etwas richtig macht, loben Sie ihn oder lassen Sie ihm freundliche Aufmerksamkeit zuteilwerden.

▸ Wann immer Sie sehen, dass er etwas Falsches (Verbotenes) tun will, stoppen Sie ihn unverzüglich. Wenn er dagegen mit seinem Verhalten »nur nervt«, ignorieren Sie ihn.

▸ Wann immer Sie sehen, dass er etwas Falsches (Verbotenes) getan hat, bringen Sie die Sache stillschweigend in Ordnung und – Schwamm drüber.

Für das Kratzen am richtigen Objekt hat Kätzchen sich ein dickes Lob verdient.

*Spielen vertreibt Langeweile – und
hält Kätzchen von allerlei Unsinn ab.*

Kleine Tricks mit großer Wirkung

Wenn »Nein« oder Händeklatschen nicht helfen, dürfen Sie zu anderen wirkungsvollen Tricks greifen:

Dusch-Trick: Blumenspritze oder Wasserpistole bereithalten und im Bedarfsfall aus dem Hinterhalt schießen, denn Ihr Samtpfötchen darf nicht merken, wer den Schuss abgegeben hat. Nur so verknüpft Kätzchen: »Das doofe Sofa macht mich nass, wenn ich daran kratze.«

Fauch-Trick: Nimmt Kätzchen gerade Kurs auf den heißen Herd oder begibt sich anderweitig in Gefahr, pusten Sie dem Tiger nach einem scharfen »Nein« kurz ins Gesicht. Auf ihn wirkt das wie Fauchen – Mama sagte ihm auf diese Weise eindringlich: »Lass das!«

Lärm-Trick: Ist Ihr Kätzchen gerade dabei, eine verbotene Zone zu entern, lassen Sie es losscheppern – der Lärm hält es von seinem Tun ab. Gut geeignet sind Blechdosen mit losen Nägeln, Topfdeckel, eine Trillerpfeife, Schlüsselbund oder Aluketten zum Werfen (aber bitte nicht auf das Kätzchen).

Sperr-Tricks: Sie funktionieren auch in Ihrer Abwesenheit. Esstisch, Küchenanrichte oder Computertastatur mit doppelseitigem Klebeband »absperren«. Um die Plätze zu erreichen, muss Kätzchen klebrige Pfoten in Kauf nehmen. Igitt! Sessel- und Sofalehnen, die immer wieder unter die Kralle genommen werden, packen Sie in Alufolie. Keine Sorge, diese Maßnahme ist nur vorübergehend. Hat das Samtpfötchen ein paar Mal Bekanntschaft mit der unangenehmen Folie gemacht, hält es sich doch lieber an Kratzbaum und -pfosten.

Lernen in Portionen

Das Tigerchen von Unfug abzuhalten ist eine Sache, es dazu zu bringen, etwas Bestimmtes zu tun eine ganz andere. Etwa sich zur Fellpflege selbst auf den dafür bestimmten Platz zu setzen, ohne Kampf in den Transportkorb zu steigen oder den fälligen Gesundheitscheck mit Gleichmut über sich ergehen zu lassen. In der Hundeerziehung wird beispielsweise das sogenannte Clickertraining erfolgreich angewendet, und auch für Katzenfreunde lohnt sich die Beschäftigung damit: Mithilfe des Clickers – das ist eine Art Knackfrosch aus dem Zoofachhandel – können Sie Ihrem Kätzchen in kleinen Schritten »verklickern«, was es tun soll.

Ein Beispiel: Das Clickersignal ertönt, wenn das Tier erwünschtes Verhalten zeigt, und kündigt eine Belohnung (Leckerchen) an. Damit das Kätzchen Signal und Belohnung miteinander verknüpft, betätigen Sie zunächst einfach den Clicker und präsentieren Sie nach spätestens zwei Sekunden ein Leckerchen.

> **TIPP**
>
> ### Mehr zum Clickertraining
>
> Ausführliche Anleitungen zum Clickertraining für Katzen finden Sie auf verschiedenen Seiten im Internet oder in speziellen Büchern zum Thema. Hundeclicker klingen übrigens in Kätzchens feinen Ohren zu laut, nehmen Sie daher lieber ein leiseres Modell. Sie können den Click aber auch per Kugelschreiber erzeugen.

»Was für ein unangenehmes Geräusch! Da bleibe ich besser von der Blumenvase weg.«

Diese »Grundübung« müssen Sie gut 30-mal wiederholen, bevor das eigentliche Training beginnen kann. Clickern setzt allerdings einen sehr aufmerksamen »Trainer« voraus, der auf den (Zeit)Punkt genau das Richtige tut. Und das will erst einmal gelernt sein.

Mein Tipp: Keine Sorge – Ihr Samtpfötchen kann auch auf andere Weise lernen. Wappnen Sie sich mit viel Geduld und ein paar Leckerbissen und sparen Sie nicht mit Lob, wenn das Tier etwas richtig macht. Fehlversuche dagegen ignorieren Sie tapfer. Bitte beachten Sie: Trainiert wird nur, solange Kätzchen mitmacht – wenn es keine Lust mehr hat, lernt es auch nichts mehr.

An die Leine gelegt

Wenn Ihr Kätzchen weder draußen herumlaufen noch auf dem Balkon frische Luft schnappen kann, bleibt als einzige Möglichkeit Auslauf an der Leine. Es wird zwar nie wie ein Hund »bei Fuß« gehen, und es mag so aussehen, als führe das Kätzchen eher Sie aus als umgekehrt. Gemeinsam mit der »Superkatze« die Welt draußen zu erkunden, hat jedoch für viele Katzen seinen Reiz. Auf Reisen, beim Tierarzt oder bei einem Umzug ist es zudem vorteilhaft, wenn das Tier an die Leine gewöhnt ist. Hier ein paar Anregungen zum Üben:

▸ Beginnen Sie das Training mit einem einfachen Katzenhalsband. Die Gewöhnung daran ist übrigens nützlich, falls Ihr Kätzchen einmal aus medizinischen Gründen eine sogenannte Halskrause tragen muss. Lassen Sie das Tier zunächst mit dem Halsband spielen und legen Sie es ihm später für fünf Minuten um. Wiederholen Sie das öfter (wenn Samtpfötchen mitmacht) und spenden Sie viel Lob.

▸ Hat das Training funktioniert, besorgen Sie ein spezielles Brustgeschirr für Katzen und eine Leine. Im Geschirr läuft es sich komfortabler als mit Halsband, und sicherer ist es obendrein. Lassen Sie Ihr Kätzchen mit dem Geschirr ausgiebig spielen, bevor Sie es ihm erstmals für fünf Minuten anlegen. Zuvor darf es an der Leine schnuppern und damit spielen. Loben Sie das Tier, wenn alles klappt, und reichen Sie auch einmal einen Leckerbissen als Anerkennung.

▸ Klinken Sie nach einigen Wiederholungsübungen die Leine ein. Halten Sie sie in der einen Hand, in der anderen haben Sie einen Leckerbissen. Mit dem locken Sie das Samtpfötchen nun vorwärts. Loben Sie es bei jedem Schritt und geben Sie ihm zu guter Letzt das Leckerchen.

▸ Grundsätzlich gilt: Lassen Sie das Tier beim Leinentraining nie unbeaufsichtigt und zwingen Sie es zu nichts.

Beschäftigung hält fit

Spielen ist für Katzenkinder das beste Intelligenz- und Fitnesstraining. Wohnungskätzchen können ihre Jagdlust ausleben, und Langeweile hat gar keine Chance. Nicht zuletzt festigt das Spielen die Bindung an die »Superkatze« Mensch.

DAS KATZENLEBEN draußen ist zwar voller Gefahren, bietet jedoch auch jede Menge Anregung und Abwechslung. Wohlbehüteten Wohnungskatzen dagegen droht vor allen Dingen eine Gefahr: Langeweile. Die lässt jegliche Unternehmungslust abstumpfen, macht aus einem munteren, bewegungsfreudigen Wesen ein trauriges, in sich selbst zurückgezogenes Tier und erstickt natürliche Intelligenz, bevor sie sich richtig entwickeln kann. Vor alledem können Sie Ihr Kätzchen bewahren, indem Sie seine Lust am Spiel fördern. Spielen hält die natürlichen Antriebe wach, trainiert Körper und Sinne und ist auch als Intelligenztraining nicht zu verachten. Davon abgesehen macht es Spaß: Nicht nur dem Katzenkind, sondern auch Ihnen! Selbst wenn Sie gestresst von der Arbeit kommen oder der Alltag Ihnen mit seinen Anforderungen zusetzt, so gibt es kaum eine bessere Art zu entspannen, als einem Kätzchen beim Spielen zuzuschauen. Doch, eine bessere Option gibt es natürlich: Spielen Sie einfach mit.

Kurze Spielstunden

Gönnen Sie Ihrem Samtpfötchen regelmäßige Spielstunden. Keine Angst: Sie müssen Ihren 24-Stunden-Tag dafür nicht noch künstlich verlängern. Eine Spielrunde mit Ihrem Kätzchen dauert kaum länger als 10 bis 15 Minuten und ist immer wieder mal in Ihren Tagesablauf eingebaut: etwa nach dem Aufwachen, vor den Mahlzeiten, bevor Sie morgens aus dem Haus gehen, wenn Sie von der Arbeit heimkommen und erst einmal abschalten wollen, vor dem Zubettgehen (damit der unternehmungslustige Tiger Sie nachts ruhig schlafen lässt) und so weiter. Ehe Sie sich versehen, sind schon anderthalb bis zwei Spielstunden beisammen. Und selbstverständlich müssen nicht immer nur Sie Kätzchens Spielpartner sein, denn es spielt auch gerne einmal mit anderen oder amüsiert sich allein, wenn Sie ihm entsprechende Spielsachen zur Verfügung stellen.

TIPP

Einer muss gewinnen

Die meisten Spiele simulieren das Belauern und Verfolgen der Beute. Klar, dass Ihr kleiner Jäger ganz wild darauf ist, Beute zu machen. Gönnen Sie ihm den Erfolg und lassen Sie ihn bei jeder dritten Verfolgung die Beute packen und »erlegen«. Hat Kätzchen immer nur das Nachsehen, verliert es das Interesse am Spiel.

Spielregeln für Kätzchen und Kinder

Unser Sohn Leon (9) liebt sein Kätzchen Lilli (5 Monate) sehr. Trotzdem ist das Verhältnis zwischen beiden mittlerweile etwas getrübt: Nach jedem Spiel hat Leon Kratzer an Armen und Händen. Dabei ist Lilli im Grunde gar nicht aggressiv. Warum nur rastet das Kätzchen beim Spielen derartig aus, und was können wir dagegen tun?

MACHEN SIE IHREM SOHN zuallererst klar, dass Lilli ihre Kratzer sicherlich nicht böse gemeint hat. Und schauen Sie sich einmal an, wie beide miteinander spielen. Möglicherweise haben sich da ein paar Missverständnisse eingeschlichen. Leon wird sicherlich wissen, dass er ein Kätzchen auch im Spiel nie an Schwanz und Ohren ziehen darf – bei solchen Übergriffen wehrt sich das Tier zu Recht. Aber weiß er auch, dass er beim Spielen die Hände besser nicht einsetzt? Während eines ausgelassenen Spiels langt das Kätzchen nur zu gern nach allem, was sich bewegt, und setzt dabei auch munter seine Krallen ein. Die Hand wird als Beutetier angesehen (wie der Fuß, der unter der Bettdecke hervorragt) und entsprechend behandelt. Erste Regel beim gemeinsamen Spiel von Kind und Katze heißt deshalb: Hände weg! Stattdessen Katzenangel oder Federwedel benutzen. So haben beide ihren Spaß, und schmerzhafte Kratzer werden vermieden.

Die Katzensprache erkennen

Vermitteln Sie Ihrem Sohn die wichtigsten Signale der Katzensprache (→ ab Seite 114): Sobald Lilli zeigt, dass ihr ein Spiel nicht oder nicht mehr gefällt, muss Leon damit aufhören und am besten einen anderen Vorschlag machen. Beste Ablenkung in solchen Fällen: erst einmal ein Bällchen rollen lassen oder etwas werfen, dem das Kätzchen nachjagen kann. Katzen schlagen übrigens kaum aus heiterem Himmel zu, sie verwarnen ihr Gegenüber vorher. Deutliche Warnsignale sind etwa die erhobene Pfote (»Lass das, sonst schlage ich zu!«), flach an den Kopf gelegte Ohren (»Du machst mir Angst, deshalb muss ich mich verteidigen!«), ein hin und her peitschender Schwanz (»Das regt mich jetzt wirklich auf!«), Fauchen (»Lass das sofort sein!«) oder gar Knurren (»Letzte Warnung! Gleich kriegst du eine geschmiert!«).

Nicht alle Spiele mag das Kätzchen

Erklären Sie Ihrem Sohn auch, dass ein Kätzchen nicht gegen seinen Willen festgehalten werden darf, weil ihm das Angst macht, und diese Angst oft zum »Präventivschlag« führt. Alles, was beim Kätzchen Furcht auslösen kann, sollte deshalb im Spiel tabu sein. Das gilt auch für Geschrei und Gepolter oder für Einwickeln in Decken bzw. Umbinden von Schnüren und so weiter. Ihr Sohn wird das gut verstehen, vor allem, wenn Sie Leon daran erinnern, dass er es auch nicht mag, wenn jemand ihn seiner Bewegungsfreiheit beraubt.

Spielspaß zu zweit

Wenn Sie sich für das »Doppelpack« entschieden oder zu einem halbwüchsigen noch ein junges Kätzchen hinzugenommen haben, ist zumindest für die sportliche Seite des Spielprogramms bestens gesorgt: Zwei Kätzchen leben den größten Teil ihres Bewegungsbedürfnisses aus, indem sie sich gegenseitig beschleichen, belauern und einander mit plötzlichen Scheinattacken überraschen. Sie liefern sich wilde Verfolgungsjagden, kugeln über- und umeinander und ruhen sich schließlich Seite an Seite nach ihrem Hochleistungssport aus. Auf jeden Fall haben zwei Kätzchen beim Spiel miteinander viel Spaß und mit dem Artgenossen im Revier selbst in der Etagenwohnung ein Stück natürliches Katzenleben.

Komm, spiel mit mir!

Soviel ist sicher: Als Sport- und Sparringpartner kann der Mensch mit Samtpfötchens Artgenossen einfach nicht mithalten. Trotzdem ist und bleibt die »Superkatze« auch bei gesellig lebenden Katzen der beliebteste Spielpartner. Wenn er mit seinem Menschen ausgiebig spielen und zwischendurch schmusen kann, fühlt sich der kleine Revierboss wie ein glückliches Katzenkind – und mit jeder Spielstunde festigt sich das soziale Band zwischen beiden. Ein paar einfache Regeln sichern die Spielfreude auf beiden Seiten:

▸ Begegnen Sie Ihrem Kätzchen auf Augenhöhe und begeben Sie sich zum Spiel auf den Boden. So hat Ihr Samtpfötchen nur Spaß und bekommt keine Angst – was bei zugreifenden Bewegungen von oben durchaus passieren kann.

▸ Überraschen Sie den Tiger öfter mit neuem Spielzeug und neuen Spielideen, denn das hält seine Neugier wach.
▸ Spiele vor den Mahlzeiten regen Appetit und Verdauung an. Nach dem Futtern allerdings braucht Kätzchen Ruhe.

Immer Unsinn im Sinn

▸ **1** **Komm her** Ob Mama, Geschwister oder befreundete Artgenossen: Von einem munteren Katzenkind lassen sich alle gern zum Spielen animieren – auch zu spielerischen Ringkämpfen.

▸ **2** **Und tschüss** Noch ein »Abschiedsgruß« mit Katzentatzen beim Davonstiefeln – mit eingezogenen Krallen. Kinder dürfen sich einiges erlauben, was man einem ausgewachsenen Artgenossen nicht einfach durchgehen lässt.

MEIN HEIMTIER

Welcher Spieltyp ist mein Kätzchen?

Alle Kätzchen spielen gern. Aber als echte Individualisten bevorzugen sie unterschiedliche Spiele. Der Test zeigt Ihnen, ob Ihr Kätzchen zu den wilden Draufgängern, den eher vorsichtigen Naturen oder den kreativen Katzenclowns gehört.

Der Test beginnt:

○ Animieren Sie Ihr Kätzchen zur flinken Verfolgungsjagd oder schlagen Sie ein ganz neues Spiel vor. Macht es sofort begeistert mit?

○ Ist Ihr Vierbeiner eher ein Meister des Versteckspiels, der sich, wenn Gäste da sind, unsichtbar macht und gern einmal unter Decken verschwindet?

○ Funktioniert Ihr Tier Alltagsgegenstände zum Spielzeug um (z. B. Toilettenpapier abrollen)?

Mein Testergebnis:

Das richtige Spielzeug

Ein Kätzchen spielt mit allem, was sich bewegt und bewegen lässt. Vor allem liebt es Spielzeug, an dessen anderem Ende (s)ein Mensch agiert.
Eine Katzenangel (Stock oder Plastikstab mit Schnur und daran befestigter »Beute«) sollte unbedingt zur Spielausrüstung gehören und fleißig eingesetzt werden. Bewegen Sie die »Beute« auf dem Boden langsam hin und her und werden Sie schneller, sobald Kätzchen Anstalten macht, sich anzuschleichen. Beschreiben Sie nicht nur gerade Linien, sondern lassen Sie die Spielbeute schlängeln, in die Ecke »laufen«, sich im Papierkorb verstecken: So macht das Spiel dem Raubtierchen richtig Spaß.

Und denken Sie daran: Mindestens jeder dritte Versuch des Kätzchens, die Beute zu schlagen, sollte erfolgreich sein.
Im Handel gibt es übrigens raffinierte Varianten solcher Spielgeräte, doch Sie können sich natürlich die Angeln auch selbst herstellen. Binden Sie einfach eine Spielzeugmaus oder einen Korken an eine Schnur – das kleine Raubtier erklärt alles zur Beute, was vor ihm her- und von ihm wegläuft. Besonders spannend: wenn Mäuschen oder Korken sich unter einer Decke bewegen.
Ein Federwedel (ein Stock oder Plastikstab mit einem Federbüschel) ist ebenfalls eine tolle Sache. Das Spiel mit ihm bringt Sie Ihrem Kätzchen noch näher als die Katzenangel. Lassen Sie den Wedel »hochfliegen«. Kätzchen wird

nach der Beute springen und schlagen – und sich freuen, wenn es das »Vögelchen« erwischt. Gönnen Sie es ihm. **Sonnenreflexe** etwa Ihrer Armbanduhr oder Lichtpunkte der Taschenlampe sind für die kleinen Jäger ebenfalls hochinteressante Verfolgungsobjekte – bis sie sich schließlich frustriert abwenden, weil sich die tanzenden Reflexe gar nicht fangen lassen. Sie machen ein feines Spiel daraus, wenn Sie den Lichtpunkt zum Abschluss auf eine »echte« Spielbeute oder einen Leckerbissen lenken. **Bällchen** aller Art eignen sich fürs gemeinsame Spiel natürlich auch: hüpfende zum Nachspringen und Auffangen, rollende zum Verfolgen und Weiterkicken … Am liebsten fängt Kätzchen Bälle mit plüschiger Oberfläche, denn die lassen sich wunderbar nach Raubtierart im Mäulchen herumtragen. Mancher Tiger apportiert sie sogar. **Ein mit Katzenminze (Catnip)** präpariertes Spielzeug – etwa ein Säckchen oder Söckchen – ist prima, wenn Sie Ihrem Samtpfötchen ein Recht auf (Spiel)Rausch zugestehen. Etwa 50 Prozent aller Katzen fahren auf den Catnip-Duft ab und führen mit ihrer Spielbeute die tollsten Kapriolen auf. Die andere Hälfte der Katzen dagegen bleibt eher cool, gerät aber auch in Spiellaune, wenn Sie die Spielzeuge an die Angel binden und damit »Mäuschen« spielen.

Allein spielen ist auch einmal schön

Mitunter mag sich Kätzchen auch gern allein amüsieren, etwa mit Solitär- und Geschicklichkeitsspielen. Seine Geschicklichkeit trainieren kann das Tigerchen aber auch mit einem Eierkarton, in dessen Mulden sein Mensch

etwas versteckt hat, oder einem mit Löchern versehenen Schuhkarton, aus dem es sich ein Leckerchen herausangeln muss. Und manchmal macht es ganz einfach Spaß, abzutauchen – etwa in einen großen Karton mit Raschelpapier, Herbstlaub oder duftendem Heu. Ihr Kätzchen hat sicherlich noch mehr Ideen für anregendes Spielzeug und leiht sich gern einmal etwas von Ihnen aus. Achten Sie drauf, dass jegliches Spielzeug sicher ist (→ Seite 45) und nicht verschluckt werden kann. Und hüten Sie Ihre geliebten Kleinigkeiten!

Welche Eleganz! Hier zeigt ein wahrer Ballkünstler sein ganzes Können – voll auf das Spiel konzentriert.

Eine besondere Beziehung

Keine Frage: Ihr Kätzchen hat Sie lieb. Ob es Ihnen totales Vertrauen entgegenbringt, steht auf einem anderen Blatt – und entscheidet sich schon in der ganz frühen Katzenkindheit.

Auf dem Weg zum Dreamteam

Je besser Kätzchens Kinderstube war, desto leichter wird es in seiner neuen Familie heimisch. Die Geborgenheit, die es genießt, und seine positiven Erfahrungen mit Menschen haben es früh zum unkomplizierten und liebevollen Hausgenossen geprägt.

MANCHMAL WERDEN Samtpfötchen und Zweibeiner ganz schnell zum Dreamteam: Es gibt Kätzchen, die kommen, sehen und siegen. Kaum haben sie den Transportkorb verlassen, schauen sie sich schon neugierig und vertrauensvoll in ihrem neuen Heim um. Sie durchstreifen die Wohnung, suchen und finden sofort ihre Lieblingsplätze und machen begeistert mit, wenn sie zu einem Spiel aufgefordert werden. Auf zwei- und vierbeinige Familienmitglieder gehen sie völlig unbefangen zu, verteilen ihre Zuneigung gleichmäßig oder suchen sich bald »ihren« Lieblingsmenschen aus – meist denjenigen, der auch den Löwenanteil an der Versorgung leistet. Sogar den Haushalts- und Familientrubel nehmen die kleinen Eroberer gelassen. Spätestens nach ein, zwei Tagen gehören sie richtig dazu und fühlen sich in ihrem neuen Heim völlig zu Hause.

Verständnis zählt

Diese Kätzchen profitieren von einer Gemeinsamkeit: Sie haben in ihrem ersten Zuhause die richtige Prägung erfahren (→ Seite 110–113) und in dieser sensiblen Phase eine ganze Reihe positiver Erfahrungen gemacht.

Keine Sorge, falls Ihr Kätzchen nicht über diesen Prägevorteil verfügt: Auch die »schwierigeren Fälle« werden enge und gute Freunde des Menschen, wenn auch unter Umständen vielleicht nicht ganz so unkomplizierte.

Wie auch immer Ihr Kätzchen geprägt sein mag – wichtig ist vor allem, dass es sich von Ihnen verstanden fühlt und Sie es so ansprechen, dass es Sie versteht. Kein Problem, wenn Sie sich mit der Sprache der Samtpfotigen und ihren Signalen (→ ab Seite 114) auskennen. So festigen Sie Ihren Ruf als »Superkatze« und werden nahezu von selbst zum erfolgreichen Dreamteam-Leader.

Hat das Kätzchen ▶ *während der Prägezeit die richtigen Erfahrungen gemacht, wird es sich in seiner neuen Familie in aller Regel wunderbar zurechtfinden.*

Zeit der Entscheidung

Frühkindliche Erfahrungen haben Einfluss auf unser ganzes Leben. Bei Katzen gibt es offensichtliche Parallelen: Die Erfahrungen der ersten Lebenswochen prägen ihr Verhalten und ihre Persönlichkeit unwiderruflich. Sind es nur positive Erfahrungen, erhalten die Kleinen ein Riesenkapital mit auf den Weg – einen wahren Schatz an Selbstvertrauen, Weltvertrauen und Menschenvertrauen.

Eine gute Kinderstube bieten

Wer selbst daheim eine Katzenkinderstube beherbergt, möchte seinen Schützlingen natürlich dieses Kapital mit auf den Weg geben. Aber wie stellt man das an? Sich gleich von Anfang an intensiv um den Nachwuchs kümmern? Davon ist Mutter Katze nur bedingt begeistert. Fühlt sie sich durch die Einmischung zu sehr gestört, zieht sie kurzerhand mit den Kleinen um und trägt eines nach dem anderen im Maul an einen vermeintlich sichereren Ort. Ganz ungefährlich sind solche Umquartierungen nicht, zumal die Kleinen ihre Körpertemperatur noch nicht stabil halten können.

Kontaktsperre am Nest?

Bauernhofkatzen und andere Freiläufer bringen ihren Nachwuchs häufig in einem Versteck zur Welt und stellen ihn den Menschen erst vor, wenn die Kleinen etwa vier bis fünf Wochen alt sind, die Augen längst geöffnet haben und sich auf ihren Beinchen schon einigermaßen sicher bewegen können.

Ein Monat Kontaktsperre also? Verhaltensforscher raten davon ab, denn solche Maßnahmen mindern Kätzchens Lern- und Entwicklungschancen. Schon gegen Ende der zweiten Lebenswoche setzt die sogenannte erste sensible Phase ein – eine Zeit, in der Kätzchen besonders viel lernen und viele Ängste buchstäblich verlernen können. Mehrere Studien zeigen: Katzenkinder, die von Anfang an positiven Kontakt zu mehreren Menschen hatten, sind furchtloser, vertrauensvoller und damit für das Leben in der neuen Menschenfamilie weitaus besser gerüstet als Katzenbabys, die ohne menschliche »Einmischung« aufgewachsen sind.

Von einer zufriedenen Katzenmama lernen die Kleinen in der Prägephase viele Dinge, unter anderem vorsichtiges, aber nicht ängstliches Verhalten.

Die richtige Balance

Selbstverständlich sollen die Katzenmama und ihre Kleinen nicht »gestört« werden. Die Katzenbabys brauchen ihre Schlaf- und Ruhephasen, die Mutterkatze braucht die Gewissheit, dass die Kinderstube ein sicherer Hort ist. Andererseits sollten die Kleinen von Anfang an merken: Wir gehören dazu. Zugegeben: Die richtige Balance zu finden ist nicht ganz einfach. Andererseits: Wofür ist man schließlich »Superkatze«?

◀ **1** **Kinder** Ein Kätzchen, das bereits positive Erfahrungen mit Kindern gemacht hat, kommt später mit dem ganz normalen Familientrubel weit besser zurecht als eines, das noch nie Kontakt zu Kindern hatte.

Hund Ein Hund gehört zur Familie, und ein Kätzchen soll dazu **2** ▶ kommen? Am besten klappt es, wenn Kätzchen in seiner Kinderstube bereits Hunde kennengelernt und mit ihnen gute Erfahrungen gemacht hat.

◀ **3** **Transportbehältnis** Manche Züchter machen mit dem Katzennachwuchs ab der siebten Woche kurze Ausflüge. So fürchten die Kleinen sich weder vor Transportkorb oder -tasche noch vor einer Autofahrt.

Haushaltsgeräte In der Prägezeit lernen die Kleinen schnell, dass **4** ▶ ihnen von so einem »lärmenden Ungetüm« keine Gefahr droht. Und bald wagen sie sich sogar an eine gründliche Inspektion heran.

Fragen zur Prägephase

Hatte Ihr Samtpfötchen seine Kinderstube in liebevoller menschlicher Obhut, dürfen Sie davon ausgehen, dass Sie auch einen liebevollen Hausgenossen bekommen. Ob er sich ganz unkompliziert in Ihre Familie einfügt, hängt aber auch davon ab, wie sehr er in der Prägezeit gefördert wurde und welche positiven Erfahrungen er in dieser sensiblen Phase gemacht hat. Fragen Sie also ruhig beim Züchter oder Vorbesitzer nach, ob das Kätzchen ...

○ ... als Winzling von unterschiedlichen Menschen auf die Hand genommen und gestreichelt wurde;

○ ... nicht nur mit Mutter und Geschwistern, sondern auch mit den Menschen ausgiebig gespielt hat;

○ ... Haushaltsgeräusche von Staubsauger, Haartrockner, Toaster, Kaffeemaschine usw. kennengelernt hat;

○ ... bereits mit Kamm und Bürste vertraut gemacht worden ist;

○ ... positiven Kontakt zu Kindern hatte;

○ ... schon einmal kleine Ausflüge im Transportkorb gemacht hat;

○ ... bereits kürzere Fahrten im Auto mitgemacht hat;

○ ... auch mit anderen Tieren (z. B. Hunden) positiven Kontakt hatte.

Eine ruhige Kinderstube

Es ist keine Kleinigkeit, einen Pulk Katzenkinder auf die Welt zu bringen und die blinden, fast tauben und völlig hilflosen Fellbündelchen rund um die Uhr zu versorgen und zu betreuen. Mutter Katze leistet Schwerstarbeit! Ihr Mensch unterstützt sie am besten, wenn er ihr ein geschütztes, komfortables Lager mit bequemem Zugang zu hochwertigem Futter sowie zu Wasser und einer Toilette zur Verfügung stellt.

Ruhig sollte die Kinderstube sein, aber nicht isoliert. Besuche am Nest sind in den ersten Tagen der engsten Bezugsperson vorbehalten. Sie ist so vertraut mit der Mama, dass sie die Kleinen schon einmal auf die Hand nehmen, streicheln und auch auf der Küchenwaage wiegen darf. Legen die Babys täglich ca. 10 bis 15 Gramm Gewicht zu, ist alles in Ordnung.

Rücksicht, Vorsicht, Umsicht

Nach ein paar Tagen dürfen sich auch die übrigen Familienmitglieder gelegentlich am Nest blicken lassen und vielleicht auch einmal die Kleinen auf die Hand nehmen. Voraussetzung ist natürlich rücksichtsvolles, vorsichtiges und umsichtiges Verhalten. Ein gewisses Maß an Hygiene (Hände waschen, Straßenschuhe ausziehen) gehört dazu, damit Keime keine Chance haben. Wenn alle respektieren, dass die Katzenmutter »Boss« am Nest ist, wird sie die Besuche nicht als gefährliche Störungen sehen.

Prägende Eindrücke

Mit der zweiten Lebenswoche endet die sogenannte vegetative Phase. Die Kätzchen, die bislang fast nur geschlafen und genuckelt haben, werden aufmerksamer

Korrekt gehalten! So fühlt sich das Kätzchen bei seiner Freundin wohl. ▶

und sind offen für prägende Eindrücke. Umso wichtiger, dass sie nicht isoliert in einem separaten Raum fernab vom ganz normalen Haushaltsalltag bleiben. Denn langsam fangen sie an, es zu genießen, wenn Menschen sie behutsam auf die Hand nehmen und streicheln (und hernach wieder sanft ins Nest setzen). Sie lernen beispielsweise den Staubsauger kennen und erleben, dass von ihm keine Gefahr für sie ausgeht. Sie hören Radio, Fernseher und Musik (bitte nicht in voller Lautstärke!) und verbinden die Geräuschkulisse mit Geborgenheit. Sie erleben Kaffeemaschine, Toaster oder andere »Krachmacher« im Haushalt als ungefährlich und reagieren nicht mehr mit Erschrecken darauf. Auch die Vielfalt der Gerüche, die in die Geborgenheit ihrer Kinderstube dringt, macht ihnen keine Angst.

Kontakt aufnehmen

Mit drei bis vier Wochen lernen die Kätzchen zu kommunizieren. Nicht nur mit Mama und den Geschwistern, auch mit allen Artgenossen und jenen, die sie dafür halten. Von der vierten bis zur siebten Lebenswoche ist die Bereitschaft, sozialen Kontakt auch zum Menschen aufzunehmen, besonders groß. Für Kätzchens weitere Lebenswege ist es vorteilhaft, wenn sie mit unterschiedlichen Menschen positive Erfahrungen machen: mit Frauen, mit Männern, mit Jungs und Mädchen. Auch ein freundlicher, gut erzogener Hund darf den Kätzchen vorgestellt werden – ein großer Vorteil, falls sie später in Familien kommen, in denen ein Hund zu Hause ist.

Umwelt erfahren

Mit sechs bis sieben Wochen wuseln die Kätzchen überall außerhalb des Nestes umher und spielen sowohl mit Mutter und Geschwistern als auch mit allerlei Gegenständen. Gut, wenn ihre Umgebung als anregender »Abenteuerspielplatz« gestaltet ist. Vieles kann jetzt spielerisch geübt und mit positiven Gefühlen verknüpft werden. Vorsichtiges Bürsten mit einer weichen Babybürste gehört dazu – so lassen die Kätzchen sich später gern bei der Fellpflege unterstützen. Auch kleine Wege im Transportkorb oder kurze Autofahrten können ab der siebten Lebenswoche eingeübt und mit einem Leckerbissen abgeschlossen werden. Die Kätzchen erfahren so, dass nicht jeder Ausflug beim Tierarzt endet, und bleiben später auch bei notwendigen Praxisbesuchen gelassener.

Das Kätzchen verstehen

»Könnten unsere Samtpfötchen doch bloß sprechen, dann würden sie uns einfach erzählen, was sie von uns wollen, und es gäbe weniger Missverständnisse!« Kaum ein Katzenfreund, der nicht gelegentlich solche Gedanken hegt.

UND WELCHE GEDANKEN gehen wohl unserem Haustiger durch den Kopf? Vielleicht solche: »Wenn er mich doch nur verstehen würde, mein Mensch. Ich sag' ihm doch alles, und trotzdem gibt es so viele Missverständnisse!«

Katzen »sprechen« tatsächlich. Mit Lauten, Gesten, Duftsignalen und bestimmten Verhaltensweisen teilen sie ihren Artgenossen (und uns »Superkatzen«) nicht nur mit, was sie wollen, sondern auch, wie sie sich fühlen. Die Katzensprache ist zwar komplex und sehr vielfältig, doch um eine Menge Missverständnisse zu vermeiden, reicht es schon aus, wenn Sie sich mit dem Grundvokabular vertraut machen. Den besten »Sprachlehrer« haben Sie ja im Haus.

Was sagt Ihr Kätzchen?

Klagen: »Miau« kann ganz schön kläglich klingen. Das soll es auch, denn Ihr Samtpfötchen teilt Ihnen so mit, dass es an einem akuten Mangel leidet (Hunger, Einsamkeit, Langeweile, …) und Sie ihn bitte beheben sollen. Entwickelt hat sich der Laut aus dem kläglichen Schrei des Katzenbabys nach seiner Mutter.

Plaudern: Wenn der Minitiger Gurrlaute mit kleinen Maunzern mischt, »plaudert« er mit Ihnen. Sagen Sie ihm auch ein paar liebe Worte – ruhig in Ihrer eigenen Sprache.

Schnurren: Ihr Tiger schnurrt Sie an, weil es ihm gut geht, er sich auf etwas (z. B. die Mahlzeit) freut oder er Ihnen sagen will: »Ich habe friedliche Absichten.« Schnurren ist aber weit mehr als ein Anzeichen von Wohlgefühl oder Beschwichtigung (→ Seite 20).

Fauchen: Es ist Drohung und Bluff. Ein fauchendes Kätzchen fühlt sich keineswegs stark, sondern hat Angst und will, dass der »Angstmacher« verschwindet. Deshalb teilt es ihm mit: »Ich bin giftig und gefährlich wie eine Schlange!«

Knurren: Es gilt wohl kaum Ihnen sondern eher dem Artgenossen, der es verärgert hat, und heißt ungefähr »Du machst mich zornig und beziehst gleich Prügel.«. Ganz ohne Zorn werden aber auch schon einmal Futterbrocken oder Spiel-

TIPP

Geduldige »Sprachlehrer«

Katzensprache kann ganz schön schwierig sein! Die Tiger kombinieren unterschiedliche, mitunter sogar widersprüchliche Signale miteinander. Wenn Sie Ihren »Sprachlehrer« aufmerksam beobachten, hilft er Ihnen über solche Hürden hinweg. Denn: Im Umgang mit uns Zweibeinern »sprechen« Katzen fast übertrieben deutlich.

zeuge knurrend durch die Gegend geschleppt. Und das bedeutet dann soviel wie »Pfoten weg von meiner Beute!«.

Vieldeutige Körpersprache

Auch mit seinem Körper kann Ihr Samtpfötchen Botschaften übermitteln. Einige Beispiele: Das Kätzchen ...

▶ ... verpasst Ihnen einen Kopfstoß. Es begrüßt Sie freundlich nach Katzenart.

▶ ... gibt Köpfchen. Das heißt soviel wie »Bitte streicheln!«. Katzen fordern einander so zur Fellpflege auf.

▶ ... tretelt mit den Vorderpfoten auf Ihnen herum: »Ich fühle mich bei dir wohl wie ein Baby bei seiner Mama.«

▶ ... rollt sich auf die Seite oder auf den Rücken: »Spiel mit mir!«

▶ ... streicht Ihnen um die Beine oder reibt Wangen und Flanken an Ihnen. Es markiert Sie mit seinem (für uns nicht wahrnehmbaren) Duft: »Du gehörst mir.«

WUSSTEN SIE SCHON, DASS ...

... Kätzchen das Gespräch suchen?

Gehört Ihr Kätzchen zu den gesprächigen Naturen, die mit Gurr- und Maunzlauten ganze Romane erzählen? Dann verdient die »Superkatze« aus seiner Kinderstube ein Kompliment! Von der achten bis zur zwölften Lebenswoche nämlich werden die Kleinen ausgesprochen gesprächig – auch dem Menschen gegenüber. Werden sie während dieser Zeit darin bestärkt und öfter in einer Mischung aus Katzenlauten (z. B. »Murr«) und Menschensprache angeredet, fällt es ihnen leicht, auch in der neuen Familie »Sprechkontakt« aufzunehmen. Selbstverständlich freut sich Ihr gesprächiges Kätzchen, wenn Sie ihm antworten. Bitte beachten Sie aber dabei: Der Ton macht die Musik! Also nicht einfach Kätzchens Maunzen imitieren, sondern beispielsweise schrillen Klagen beruhigende Laute entgegensetzen. Und noch eines – sprechen Sie leise mit Ihrem Stubentigerchen: Schließlich hört es etwa dreimal so gut wie wir Zweibeiner!

▶ ... hebt die krallenbewehrte Pfote: »Mir gefällt nicht, was du machst. Hör auf, sonst schlage ich zu.«

▶ ... kommt mit erhobenem Schwanz auf Sie zu: »Schön, dich zu sehen!«

▶ ... läuft mit erhobenem Schwanz vor Ihnen her: »Komm doch mal mit, ich zeig' dir was!«

▶ ... lässt die Ohren spielen: zunehmende Anspannung und Verärgerung, auch Angst und Abwehrbereitschaft: »Hör auf, sonst muss ich mich wehren!«

▶ ... wedelt mit dem Schwanz: Aufregung, gespannte Erwartung. Heftiges Peitschen bedeutet ärgerliche Erregung: »Geh weg, sonst greife ich an.«

Bloß nicht falsch verstehen!

Das Kommunikationssystem der Katzen hält einige »Redewendungen« bereit, die für Außenstehende missverständlich sind – und auf die wir Menschen leicht falsch reagieren. Einige Beispiele:

Rückenlage: Ihr Kätzchen hat sich auf den Rücken gerollt und lässt sich kraulen. Urplötzlich jedoch packt es Ihren Unterarm und tatzt mit allen 18 Krallen nach Ihnen. Ein falsches Biest?

Mit Falschheit hat das Verhalten nichts zu tun. Die meisten Katzen schätzen Berührungen am Bauch nicht sehr. Zudem ist die Rückenlage im Erbe unserer Tiger als äußerst effektive Abwehrstellung verankert, die es erlaubt, sämtliche Waffen gleichzeitig einzusetzen. Wenn der Abwehrreflex durchbricht, kann Kätzchen gar nicht anders als zuschlagen – Verzeihung, war nicht böse gemeint ...

Geruchskontrolle: Was für ein ungehobeltes Benehmen! Sie sind mit Ihrem Tier auf Augenhöhe und mit einem Mal streckt es Ihnen sein Hinterteil entgegen. Was soll denn das nun wieder heißen? Etwa »Du kannst mich mal ...«? Ganz im Gegenteil! Im Mittelpunkt kätzischer Begrüßungssitten steht die Geruchskontrolle: Zuerst beschnuppern die Tiere gegenseitig ihre Näschen. Sind sie mit dem »Erkennungskuss« zufrieden, halten sie einander den Nacken zum Beriechen hin. Findet auch dort der Geruch ihre Billigung, gestatten sie einander auch die Analkontrolle. Ihr Kätzchen hat Ihnen also gesagt: »Ich kann dich gut riechen.« Übrigens: Als Reaktion reicht es völlig, wenn Sie Kätzchens Hinterteil streicheln.

Wegschauen: Selbstverständlich wissen Sie, dass es ziemlich sinnlos ist, dem Samtpfötchen eine Gardinenpredigt zu halten, egal, was es angestellt hat. Aber manchmal kann mensch einfach nicht anders – wenn beispielsweise sämtliche Vasen ausgeräumt wurden oder die Sofalehne Kratzspuren zeigt. Und was macht der Tiger? Schaut überall hin, bloß nicht zu Ihnen, so als ob ihn alles gar nichts anginge. Ganz schön arrogant, oder? Natürlich nicht. Der kleine Übeltäter weiß zwar nicht, weswegen er ausgeschimpft wird, aber er spürt, dass Sie ihm böse sind. Und tut aus seiner Sicht das Richtige: Sie bloß nicht durch direkten Blickkontakt noch mehr provozieren.

Ein unvertrauter Geruch irritiert: Frauchens neues Parfüm bereitet dem Kätzchen sichtlich Unbehagen.

▼

MEIN HEIMTIER

Klappt die Unterhaltung?

Versuchen Sie einmal, Ihrem Kätzchen in seiner eigenen Sprache zu sagen, dass Sie es gern haben. An seiner Reaktion werden Sie merken, ob das Samtpfötchen Sie prima versteht oder ob Sie vielleicht noch ein wenig am Katzen-Vokabular arbeiten sollten.

Der Test beginnt:

○ Schenken Sie Ihrem Tiger ein Lächeln, indem Sie ihm zublinzeln. Blinzelt er zurück?

○ Sagen Sie statt »Hallo« einmal »Murr«, wenn Sie einander über den Weg laufen. Reagiert Ihr Kätzchen darauf mit einem ähnlichen Gurrlaut?

○ Schnurren Sie das Kätzchen auf Ihrem Schoß an, indem Sie ein stimmloses »R« aussprechen (ganz hinten am Gaumenzäpfchen gebildet). Schnurrt es mit oder schaut es Sie nur groß an?

Mein Testergebnis:

Gähnen: Der kleine Racker stellt mal wieder Unsinn an, und Sie sind darüber ungehalten. Sie tadeln ihn, und was macht der Lausekerl? Gähnt Sie einfach an. Was soll man nur dazu sagen? Am besten ebenfalls gähnen und sich beruhigen. Ihr Kätzchen hat Ihnen keineswegs erklärt, dass Sie es langweilen – Gähnen ist unter Katzen eine Beschwichtigungsgeste: »Schau, ich bin friedlich. Sei du es bitte auch.«

Was Kätzchen missverstehen könnte

Anstarren: Schauen Sie Ihrem Kätzchen lieber nicht zu tief in die Augen. Der direkte Blick gilt als Vorstufe zur Angriffsdrohung. Unterbrechen Sie den Blickkontakt durch Blinzeln (das bedeutet auf »Kätzisch« freundliches Lächeln) oder wiederholtes Wegschauen (die übliche Beschwichtigungsgeste).

Herrschaftsdemonstration: Sie kommen von draußen herein, treten sich lange, gründlich und geräuschvoll die Schuhe am Gitterrost ab. Ihr Kätzchen schaut Sie nur irritiert an: Was soll Ihr ausgiebiges »Krallenwetzen« bedeuten? Wollen Sie ihm etwa seine Rolle als Revierboss streitig machen?

Duftangriff: Sie benutzen Ihr neues Parfüm verschwenderisch. Und plötzlich fremdelt Ihr Kätzchen und meidet den Kontakt mit Ihnen. Es liegt am Duft! Der kleine Tiger ist verwirrt, weil er den vertrauten Geruch seines Menschen vermisst. Also lieber sparsam sprühen!

Fragen rund um
die Katzensprache

? Unser Kätzchen liebt es, vom Fenster aus die Vögel zu beobachten. Manchmal stößt es dabei Laute aus, die wie Schnattern oder Keckern klingen. Was will es damit sagen?

Es hält eher ein Selbstgespräch. Katzen fangen zu »keckern« an, wenn sie ein Beutetier sehen, das sie gern fangen würden, aber nicht erreichen können.

? Neulich habe ich unser Kätzchen beim Gardinenklettern auf frischer Tat ertappt und ausgeschimpft. Es hat überhaupt nicht zugehört, sondern fing gleich an, sich zu putzen.

Sich zu putzen ist eine häufige Reaktion ertappter und ausgeschimpfter »Sünder«. Nicht etwa, um Gleichgültigkeit gegenüber einer Gardinenpredigt zu demonstrieren. Ihr Kätzchen spürt, dass Sie zornig sind, und will Sie nicht weiter provozieren. Deshalb wendet es sich der Körperpflege zu.

? Gibt es eine Art »Stimmungsbarometer«, an dem sich ablesen lässt, wie ein Kätzchen gerade gelaunt ist?

Achten Sie vor allem auf Schwanz und Ohren! Ist ein Kätzchen munter und unternehmungslustig, wird es seinen Schwanz hochgereckt tragen oder – falls es gerade etwas vorhat – waagerecht ausgestreckt. In neutraler Stimmung lässt es den Schwanz locker hängen. Erregung zeigt Ihr Minitiger an, indem er mit dem Schwanz wedelt. Und wenn er den berühmten Katzenbuckel mit dem zur Flaschenbürste aufgeplusterten Schwanz zeigt, fühlt er sich zwischen Angst und Angriffslust hin- und her gerissen. Zur Ohrensprache: Nach vorn gerichtete Ohren signalisieren Aufmerksamkeit. Seitwärts gedrehte bedeuten Verärgerung und Angriffslust, nach hinten geknickte Angst. Ein Kätzchen mit flach angelegten Ohren ist bereit zum Verteidigungskampf.

? Stimmt es eigentlich, dass Katzenmütter ihren Jungen ankündigen, welche Beute sie ihnen ins Nest tragen?

Offenbar. Kleine und ungefährliche Beutetiere wie Mäuse kündigen sie dem Nachwuchs mit einem hellen Gurren an. Potenziell gefährliche, größere Jagdbeute, wie etwa eine Ratte oder auch Teile davon, wird jedoch unter lautem, fast schreiendem Rufen angeschleppt.

? Unser Kätzchen hat anscheinend Angst vor unseren Kindern. Es flüchtet, wenn die Mädchen es auf den Arm nehmen oder mit ihm schmusen wollen und sitzt in ihrer Gegenwart meist zusammengekauert da. Wie machen wir ihm begreiflich, dass Anna und Lisa ihm nichts Böses wollen?

Das können Anna und Lisa am besten selbst tun, indem sie das Kätzchen erst einmal ganz in Ruhe lassen, damit es sich entspannen kann. Sie

müssen wissen, dass Katzen Angst haben vor Bewegungen, die plötzlich von oben kommen. Ebenso schreckt es sie, wenn sie gegen ihren Willen festgehalten oder verfolgt werden – selbst zum Schmusen. Zeigen Sie den Kindern, wie sie ganz langsam Kätzchens Vertrauen gewinnen können: durch »körperlose« Spiele mit der Angel oder mit Bällen, durch Distanz und leises, beruhigendes Sprechen.

? **Unsere beiden sechs Monate alten Kater prügeln sich mitunter wie richtige kleine Rowdys. Soll ich dazwischengehen?**
Besser als ein direktes Eingreifen ist es, schon im Vorfeld zu vermitteln, wenn sich die dicke Luft gerade erst aufbaut. Sie sehen ja, wenn die beiden sich frontal oder rechtwinklig zueinander platzieren und anfangen, einander anzustarren. Oder Sie sehen die Ohren spielen und die Schwänze zucken. In diesem Stadium

lässt sich die Aggression oft noch durch ein Spielangebot entschärfen. Oder, wenn es ohnehin Zeit zum Füttern ist, könnten Sie auch schon einmal den Katzentisch decken – das lässt hungrige Tiger oft ihren Groll vergessen.

? **Unser Kätzchen (acht Monate alt) ist leider taub, aber völlig normal in seinen Lautäußerungen. Wie ist das möglich? Wir Menschen müssen doch hören, bevor wir sprechen können.**
Anders als Menschenkinder brauchen Kätzchen tatsächlich zur Sprachentwicklung nicht unbedingt die Kontrolle über das Gehör. Selbst taub geborenen Tieren steht die ganze Palette der typischen Lautäußerungen zur Verfügung. »Sprachgestörte« Kätzchen gibt es dennoch. Meist sind es Tiere, die viel zu früh von der Mutter und den Geschwistern getrennt wurden. Sie konnten nicht im Familienverband lernen, wie eine

Katze auf bestimmte Katzensignale zu antworten hat, und auch nicht, welche Reaktionen ihr Verhalten bei den Artgenossen hervorruft. Solche Tiere haben häufig keine Ahnung von Höflichkeits- oder Beschwichtigungsgesten.

? **Seit ich gehört habe, dass die erhobene Katzenpfote ein Warnsignal ist, frage ich mich, ob unser Kätzchen einen »Sprachfehler« hat. Es hebt immer dann sein Pfötchen, wenn es spielen oder von uns gestreichelt werden will.**
Keine Sorge, Ihr Kätzchen hat keinen Sprachfehler! Die erhobene Pfote mit eingezogenen Krallen ist eine spielerische Aufforderung. Die Glück bringende japanische »Maneki Neko« zeigt übrigens die gleiche Geste. Solche Katzenfiguren sind häufig in japanischen Läden und Restaurants zu sehen. Sie fordern mit erhobener Pfote zum Hereinkommen auf.

Was tun, wenn es Probleme gibt?

Schwierigkeiten mit dem Kätzchen? Keine Sorge – die meisten lassen sich mit Geduld und gutem Willen lösen. Und ist die Krise erst vorbei, geht die Beziehung gestärkt daraus hervor.

Kätzchen, Krisen und Konflikte

Ein Kätzchen, das seinem Menschen scheu aus dem Weg geht, ein schwer erziehbarer Rowdy oder ein Snob am Futternapf – nicht nur der Mensch hat seine liebe Not angesichts solcher Probleme seines Vierbeiners. Vor allem das Samtpfötchen braucht Hilfe.

HABEN SIE SICH in ein »ungeprägtes« Kätzchen verliebt? Oder in eines, das schlechte Erfahrungen mit Menschen gemacht hat? Armes Katzenkind! Statt Vertrauen bringt es eine gehörige Portion Angst mit, die auch nach Wochen noch nicht verschwunden ist. Trotzdem müssen Sie sich nicht damit abfinden, dass Ihr kleiner Tiger auf Dauer jedem Kontakt ausweicht und sofort unter das Sofa oder auf den Schrank verschwindet, wenn Sie sich ihm nähern. Akzeptieren Sie, dass Sie sein Verhalten nicht von heute auf morgen ändern können. Und gehen Sie in kleinen Schritten vor.

Viel Geduld ist gefragt

Lassen Sie das Kätzchen ruhig gewähren, wenn es sich versteckt, und machen Sie ihm sogar seine Zufluchtsplätze angenehm (etwa Kissen auf den Schrank oder Decke unters Sofa legen). Schauen Sie es nicht direkt an, wenn Sie mit ihm in einem Raum sind.
Mein Tipp: Nähern Sie sich ihm allenfalls im Zickzackkurs, denn eine direkte Annäherung empfindet es als Bedrohung. Setzen Sie sich auf den Boden oder gehen Sie in die Hocke und bieten Sie dem Kätzchen Futter auf der ausge-streckten Hand an. Reden Sie ihm dabei ruhig zu. Mit der Zeit wird es sich näher an Sie herantrauen. Lassen Sie das Samtpfötchen ausgiebig an Ihrer Hand schnuppern, bevor Sie es schließlich kurz streicheln. Laden Sie es zum Spiel mit dem Katzenwedel ein. Damit bleiben Sie auf Distanz, kommen dem Kätzchen aber näher, ohne es zu bedrängen. Irgendwann gibt es zumindest Ihnen gegenüber seine Scheu auf.
Tolerant sein: Die Vorsicht bleibt aber vermutlich trotzdem noch eine Weile erhalten. Sie müssten also akzeptieren, dass sich Ihr Kätzchen beispielsweise nicht gern auf den Arm nehmen lässt.

In den ersten Tagen ist Verstecken ganz normal. Aber wenn der Tiger sich nur noch unter dem Sofa aufhält, hat er ein Problem – und sein Mensch ebenfalls.

Bestechung erlaubt

Auch ein vorsichtiges Tigerchen sollte einmal zum Schmusen auf den Schoß kommen und nicht gleich in Panik geraten, wenn es hochgehoben wird. Setzen Sie auf die Kraft der positiven Verstärkung (→ Seite 94): Stecken Sie sich z. B. Hefedrops oder andere Leckerlis in die Tasche und belohnen Sie Ihr Kätzchen,

weise wenn Sie nicht hinsehen und Ihr »Nein« rufen und/oder die Wasserpistole in Aktion setzen können. Schützen Sie zunächst die besonders gefährdeten Stellen (→ Seite 96/97) und betreiben Sie dann Ursachenforschung. Steht der Kratzbaum richtig bzw. findet Kätzchen mindestens eine Wetzgelegenheit zwischen Schlaf- und Futterplatz? Falls Ihr Samtpfötchen vor allem in Gegenwart von Artgenossen seine Krallen wetzt, kann es auch sein, dass es ihnen mit den Kratzorgien seinen Rang klarmachen

… allein gelassenen Katzen Musik gut tun kann?

Schalten Sie ruhig das Radio an, wenn Sie Ihr Kätzchen allein lassen müssen. Sanfte, harmonische Töne in gemäßigter Lautstärke wirken beruhigend und vermitteln Sicherheit. Freilich eignet sich nicht jede Art von Musik als Wohlfühl-Klangteppich. Stellen Sie bevorzugt Sender mit klassischer Konzertmusik oder melodiösem Pop ein. Wilde Rockrhythmen oder kunstvolle Gesangsdarbietungen finden dagegen empfindsame Katzenohren nicht so toll.

sobald es Mut zum Körperkontakt zeigt, also wenn es auf den Schoß kommt, sich kraulen lässt oder sich ohne Protest auf den Arm nehmen und ein paar Schritte tragen lässt. Sie können auch versuchen, dem Samtpfötchen die Sache zu »verklickern« (→ Seite 101/102).

Tiger, der Zerstörer

Ihr Kätzchen hatte schon so gut begriffen, wozu der Kratzbaum da ist, doch nach ein paar Wochen hält es sich wieder an Möbel, Teppich und Tapeten – vorzugs-

will, also Dominanzgebaren zeigt. Manchmal hilft es, die Anzahl der Wetzgelegenheiten drastisch zu erhöhen (etwa mit preisgünstigen Wellpappe-Objekten). Ebenfalls mehr als einen Versuch wert ist die positive Verstärkung.

Problem Langeweile

Vielleicht hat der kleine Zerstörer nur Langeweile. Überprüfen Sie in diesem Fall, ob die Umgebung genügend Anregung bietet, ob es attraktive Aussichtsplätze gibt und ob das gemeinsame Spiel nicht zu kurz kommt. Ein häufig allein

Manchmal macht Langeweile Katzenkinder zu
kleinen Problemtigern. Mit Fantasie und
Einfühlungsvermögen lässt sich viel dagegen tun.

gelassenes Wohnungskätzchen könnte mit diesem Verhalten ausdrücken, dass ihm ein Sportkamerad fehlt. Auch ein Kätzchen, das buchstäblich die Wände (oder die Vorhänge) hochgeht, hat vermutlich ähnliche Probleme. Vielleicht erweist es sich als besonders begabt beim Leinentraining (→ Seite 102) und genießt die Ausflüge mit Ihnen als Bereicherung seiner Erlebniswelt.

Abwechslung bieten

Gelegentliche Überraschungen helfen gegen Langeweile: Spendieren Sie dem Tigerchen hin und wieder einen Karton mit Einschlupfloch, der für eine Weile zum Lieblingsversteck wird, oder stellen Sie ihm eine große Packpapiertüte (Henkel durchschneiden!) zur Verfügung. Ist auf dem Boden noch ein wenig getrocknete Katzenminze ausgestreut, wird Kätzchen dort gern einmal auf Tauchstation gehen. Ausrangierte Stofflappen oder zum Klumpen zusammengeknotete Strumpfhosen werden zur attraktiven Spielbeute, wenn sie eine Weile in einem geschlossenen Einmachglas mit getrocknetem Baldrian gelegen haben. Sie werden dann ausgiebig mit Zähnen und Hinterpfoten bearbeitet.

Fatale Pflanzenliebe

Sie haben gefährliche Pflanzen aus Kätzchens Reichweite verbannt und stellen ihm neben Katzengras auch anderes Grünzeug zur Verfügung – dennoch vergeht sich der Frechdachs an Schnittblu-

men und Pflanzschalen, ohne dass Wasserduschen oder andere Hemmreize ihn abhalten können. Nicht einmal scheppernde Blechdosen zeigen Wirkung. Abhilfe per Erziehung ist hier schwierig. Vielleicht können Sie Pflanzen und Blumen künftig im abschließbaren Blumenfenster unterbringen. Zudem gibt es im Handel dekorative Hängeampeln – die natürlich so angebracht sein müssen, dass Kätzchen nicht herankommt. Animiert den kleinen Sünder eher die Erde in den Pflanzschalen dazu, sie auszuräumen, hilft es, sie mit grobem Zierkies oder Kunststoff-Abdeckungen aus dem Fachhandel unzugänglich zu machen. Falls Ihr Katzenkind die Blumenerde benutzt, um sein Geschäft zu verrichten, behagt ihm vielleicht die Streu

---

Ein kniffliges Solitärspiel kann Kätzchen schon einmal über Langeweile hinweghelfen.
▼

Kätzchens Unarten

▸ **1** **Jagd auf Waden** Ein gelangweiltes Kätzchen, das seinen Jagdtrieb nicht ausleben
kann, kommt geradezu zwangsläufig auf solche
Ideen. Bestes Gegenmittel: viel spielen!

▸ **2** **Möbel zerkratzen** Um das gute Sofa zu
retten, muss Kätzchens Kratzlust auf seine
eigenen Wetzobjekte umgelenkt werden.

▸ **3** **An der Tischdecke ziehen** Gleich ist der
Tisch abgeräumt … Vermutlich steckt auch
hinter dieser Unsitte pure Langeweile.

im Kistchen nicht mehr. Stellen Sie am
besten langsam auf eine Sorte mit weniger harten Körnchen um.

Betteln bei Tisch

Schlechte Beispiele verderben die guten
Sitten. Ihr wohlerzogenes Kätzchen hat
vielleicht nur ein, zwei Mal »ausnahms-
weise« bei Tisch einen Leckerbissen vom
Menschenteller bekommen. Und schon
ist es vorbei mit der guten Erziehung –
Kätzchen wird zum unerwünschten
Tischgenossen. Wenn sein Charme nicht
reicht, um die Gaben fließen zu lassen,
verlangt es seinen Teil mit Penetranz.
Durchbrechen Sie den Teufelskreis so
schnell wie möglich. Zuallererst müssen
Sie sich mit allen anderen Zweibeinern
im Haushalt einigen: Ab sofort erhält
Kätzchen nichts mehr vom Menschentisch! Außerdem wird es konsequent
ignoriert, wenn es auf sich aufmerksam
macht, während Sie essen.
Im Gegenzug sorgen Sie selbstverständlich dafür, dass es sein Futter im Napf

(und am besten schon im Magen) hat,
bevor Sie sich zu Tisch setzen. Mit vollem Bauch ist Betteln entschieden weniger reizvoll. Lassen Sie auch kein Essen
unbewacht auf dem Tisch oder der Küchenanrichte stehen – schließlich haben
Sie es mit einem Beutegreifer zu tun.

Die diebische Elster

Man kann es nicht oft genug sagen: Stehlen in Raubtierkreisen ist keine Straftat!
Mit Erziehungstricks können Sie also
wenig daran ändern, wenn Ihr Samtpfötchen sich wie eine diebische Elster
aufführt. Ertappen Sie den kleinen Dieb
allerdings in flagranti, dürfen Sie ihn
selbstverständlich am Beutemachen hin-
dern oder ihm das geraubte Gut wieder
abjagen. Ansonsten gilt: Geben Sie ihm
einfach keine Gelegenheit zu stehlen
und räumen Sie konsequent weg, was
dem Kätzchen nicht in die Pfoten fallen
soll. Das ist zwar lästig, hilft andererseits
aber auch, Ordnung zu halten: So wird
Kätzchen zum Menschen-Erzieher.

Nein, dieses Futter fress' ich nicht ...

Ihr Kätzchen hat sich als mäkeliger Fresser entpuppt: Lustlos nimmt es ein paar Bröckchen zu sich oder zuckt vor dem gefüllten Futternapf verächtlich mit den Schnurrhaaren? Es akzeptiert nur seine Lieblingsleckerbissen oder eine ganz bestimmte Futtersorte? Betreiben Sie erst einmal Ursachenforschung: Ist Ihr Kätzchen sonst gesund und munter? Dann können Sie davon ausgehen, dass die Futterverweigerung keine organischen Ursachen hat. Gibt es keine Störungen am Futterplatz, und hat das Kätzchen genügend Anregung, Ansprache und Bewegung? Dann sollte es eigentlich auch über einen gesunden Appetit verfügen. Haben Sie das Tier selbst zum Futtersnob erzogen? Das könnte der Fall sein, wenn Sie immer gleich Ersatz anbieten, falls das Kätzchen sich nicht sofort begeistert über das Futter hermacht. Oder wenn Sie den Katzentisch zu reichlich decken und den leeren Napf gleich

wieder auffüllen. Merkt das kluge Tier erst, dass ihm sein Mäkeln die begehrtesten Leckerbissen einträgt, wird es das natürlich immer wieder tun. Lassen Sie sich also nicht mehr manipulieren. Der kleine Snob wird seine Strategie nicht so schnell aufgeben. Delegieren Sie das Füttern am besten an andere Personen im Haushalt, die nicht auf die Sonderwünsche eingehen. Und spielen Sie viel mit dem Kätzchen – das macht hungrig.

> **TIPP**
>
> ### Vorsicht bei Vorlieben
>
> Geben Sie ruhig nach, wenn Ihr Kätzchen ein bestimmtes Futter ablehnt. Mit den Vorlieben dagegen ist Vorsicht geboten: Falls der Tiger sich mit Erfolg auf Muskelfleisch, Leber, Thunfisch oder andere Lieblingsspeisen als einzige Nahrungsquelle versteift, drohen organische Schäden durch die einseitige Ernährung.

Unliebsame Transporte

Ihr Kätzchen verwandelt sich in eine Handvoll Aale, wenn Sie es in den Transportkorb setzen wollen, und jault jämmerlich im Auto? Meist liegt das an mangelnder Prägung. Verlieren Sie nicht den Mut und haben Sie Geduld! Ihr scheues Kätzchen hat es doch auch geschafft, mit Ihnen Freundschaft zu schließen.

Transportkorb-Training

Lassen Sie den Transportkorb mit offener Tür in der Wohnung stehen, legen

---

»Oh bitte, ich verhungere!« Wer sich von Kätzchens Charme erweichen lässt, kann nie mehr in Ruhe essen.

▼

Sie eine Decke hinein, und vielleicht auch ein Spielzeug. Irgendwann geht Kätzchen einmal hinein. Ein großes Lob ist fällig, eine kleine Belohnung auch. Lassen Sie den Tiger durch die Schlitze nach einem Katzenwedel tatzen und sparen Sie nicht mit Lob, wenn er mitspielt. Schließen Sie kurz die Tür und reichen Sie ihm durch das Gitter einen Leckerbissen. Öffnen Sie die Tür danach wieder und wenden Sie sich anderen Dingen zu. Wiederholen Sie das einige Male, bevor Sie das Kätzchen in der geschlossenen Box ein wenig herumtragen. Großes Lob und leckere Belohnung gibt es, wenn sich das Tierchen in dem Behältnis ruhig und angstfrei verhält. Ganz langsam können Sie im Anschluss an diese Übung die »Tragezeiten« erweitern. Ignorieren Sie das Kätzchen kurz, wenn es die Box verlässt, sodass es Lob und Belohnung immer mit dem Aufenthalt in der Box verbindet.

Entspannt im Auto

Wenn der kleine Tiger sich ohne Protest im Transportkorb umhertragen lässt, können Sie sich auch dem »Problem Auto« nähern. Nehmen Sie Kätzchen und Korb mit in den Wagen und setzen Sie sich erst einmal hinein, ohne loszufahren. Vertreiben Sie sich die Zeit mit Katzenwedel-Spielchen und loben und belohnen Sie das Tier, wenn es mitspielt. Nach einigen Übungseinheiten kommt die nächste Stufe: kurze Fahrten um den Block. Bleibt Samtpfötchen dabei ruhig und gelassen, hat es sich natürlich ein Riesenlob und eine Belohnung verdient. Jetzt können die Fahrten ein bisschen länger werden. Fahren Sie vorsichtig mit Ihrer kostbaren Fracht und meiden Sie ruckweises Anfahren, Schotterpisten oder Holperpflaster. Tun Sie so, als ob

MEIN HEIMTIER

Hört mein Kätzchen auf mich?

Sicher ist Ihnen klar, dass Ihr Kätzchen Ihnen nicht wie ein Hund gehorchen wird, weil das nicht in seiner Natur liegt. Bringt es seiner »Superkatze« trotzdem Respekt entgegen? Oder testet die kleine Samtpfote noch, wie weit sie bei Ihnen gehen kann?

Der Test beginnt:

○ Rufen Sie Ihr Kätzchen beim Namen. Kommt es oder gibt es Ihnen wenigstens »Antwort«?

○ Finden Sie auch nach Monaten noch frische Kratzspuren an den Möbeln?

○ Zeigt sich das Tier häufiger unzufrieden mit dem Futter und besteht auf eine andere Sorte?

○ Lässt es Sie am Wochenende länger schlafen oder verlangt es in aller Frühe sein Futter?

○ Reagiert es auf Ihr »Nein« oder kümmert es sich nicht darum?

Mein Testergebnis:

Sie Kätzchens Jaulen gar nicht beeindruckt, und bleiben Sie ganz ruhig. Falls Sie eine zweite Person mitnehmen, sollte diese ebenso gelassen bleiben und am besten das Kätzchen mit dem Spielwedel ablenken. Lob und Belohnung gibt es, wenn das Tier sich von der allgemeinen Gelassenheit anstecken lässt und das Protestmaunzen einstellt.

Nicht so schüchtern!

Ihr Kätzchen taucht panisch unter, wenn Besuch kommt? Gönnen Sie ihm den Rückzug – allerdings mit Ausnahmen. Mit lieben, ruhigen Menschen, die auch einmal bereit sind, Catsitter-Dienste zu übernehmen, sollten Sie das schüchterne Tigerchen durchaus ver-

traut machen, damit für alle Fälle vorgesorgt ist. Weihen Sie den Besuch in Ihre Strategie ein und bitten Sie ihn, das Kätzchen nach Kräften zu ignorieren. Es ist im Raum anwesend, sitzt aber in seinem sicheren Transportkorb und bekommt eine Belohnung, wenn es sich ruhig und entspannt verhält. Nach einer Weile holen Sie es aus dem Korb und nehmen es auf den Schoß. Wieder wird es belohnt, wenn es keine Angst zeigt. Die nächste Stufe: Der Gast hält dem Kätzchen die Hand zum Beschnuppern. Keine Panik? Dann darf der Gast auch einmal kurz streicheln. Wieder keine Angst? Dann gibt's ein Leckerchen – diesmal vom Besucher. Verlieren Sie nicht den Mut, wenn mehrere Besuche notwendig sind, bis es soweit ist.

2 **Chaos** Kätzchen hat sein Talent als Abwicklungsspezialist entdeckt. Um derartiges Chaos im Badezimmer zu vermeiden, platziert man die Rolle besser außer Reichweite oder hält die Tür zum Bad bis auf Weiteres geschlossen.

1 **Kreativ** Kätzchen hat Spaß, wenn es den Papierkorb umkippt und den Inhalt inspiziert. Wer das nicht möchte, nimmt besser einen Papierkorb mit Deckel.

3 **Alternative** Ein Karton voll mit raschelndem Papier findet bei Ihrem Kätzchen sicherlich begeisterte Zustimmung und verhindert, dass Langeweile aufkommt.

Der Angstbeißer

Hat Ihr scheues Kätzchen in seiner Prägezeit die Welt von einer eher schlimmen Seite kennengelernt, hält es wohl Angriff für die beste Verteidigung. Wie angespannt und unsicher es sich fühlt, zeigt es durch seine geduckte Körperhaltung. Wenn auch Ihr sensibles Eingewöhnungsprogramm (→ Seite 121) keinen Einfluss darauf hatte, müssen Sie noch langsamer und in noch kleineren Schritten vorgehen. Verstecke allerdings sollten Sie lieber unzugänglich machen und dem Kätzchen stattdessen offene Liegeplätze anbieten, damit Sichtkontakt besteht. Sobald es bei Ihrem Anblick nicht mehr ängstlich faucht, dürfen Sie es mit Schnur- und Angelspielen näher zu sich locken. Sehr viel Geduld ist nötig, bis das Eis gebrochen ist und

Sie das Kätzchen streicheln dürfen, ohne Kratzer und Bisse zu riskieren. In ganz schweren Fällen kann auch ein Verhaltenstherapeut oder Tierpsychologe helfen (→ Tipp, rechts).

Neue Kratz- und Beißlust

Entwickelt Ihr bislang braves Kätzchen ganz plötzlich Kratz- und Beißgelüste? Machen Sie in diesem Fall erst einmal einen Gesundheitscheck. Tut dem Vierbeiner vielleicht etwas weh, wenn er angefasst oder auf den Arm genommen wird? Dann bitte schnell zum Tierarzt! Oder gibt es irgendetwas, wovon Kätzchen sich bedrängt oder bedroht fühlt – wie etwa plötzliche Schmuse-Übergriffe? Attackiert es Sie möglicherweise im Eifer eines Spielgefechts? Brechen Sie bei »Ausrastern« das Spiel sofort ohne

Schimpfen oder Strafen ab und entfernen Sie sich. Benutzen Sie bei Kampf- oder Beutefangspielen nicht mehr die bloßen Hände, sondern spielen Sie lieber mit Angel und Wedel. Oder besorgen Sie sich Spielhandschuhe aus dem Zoofachhandel, an denen sich wunderbar herumbeißen und -zerren lässt. Zu den möglichen Auslösern von Kätzchens »Aggressionen« gehört auch die Langeweile (→ Seite 122/123). Zum Glück können einige Maßnahmen Abhilfe verschaffen – am besten im gemeinsamen Spiel. Ausgiebiges Spielen ist zudem die beste Kur für Überfälle auf nackte Menschenwaden und andere Attacken aus dem Hinterhalt. So kann Kätzchen seinen aufgestauten Jagdtrieb ausgiebig abreagieren, und Sie kommen mit heiler Haut davon.

Plötzliche Unsauberkeit

Bislang war Ihr Stubentiger ein Muster an Sauberkeit, jetzt finden Sie plötzlich Pfützen auf dem Teppich, Sprühspuren am Vorhang oder am Schrank und/oder Häufchen neben dem Katzenklo. Wie unangenehm! Trotzdem – nicht schimpfen. Beseitigen Sie Hinterlassenschaften und Duftspuren gründlich, um Wiederholungstaten zu verhindern. Klären Sie, ob das Samtpfötchen gesund ist und Darm- oder Harnwegsprobleme auszuschließen sind, ebenso wie typisch »pubertäres« Markierungsverhalten. Alles Fälle für den Tierarzt!
Liegen die Gründe vielleicht woanders? Alles in Ordnung mit Kiste, Streu und Standort? Keine Störungen beim Toilettengang? Dann könnte es sein, dass Ihr Kätzchen gegen unliebsame Veränderungen (→ ab Seite 130) protestiert. Eifersucht auf einen neuen Partner, zu

wenig Zeit und Zuwendung Ihrerseits, große Umstellungen in der Wohnung können mögliche Ursachen sein. Liebevolle Zuwendung gibt dem Kätzchen die nötige Sicherheit und bringt es wieder auf den richtigen Weg.

Die Nervensäge

Wächst Ihr Samtpfötchen sich allmählich zur Nervensäge aus? Geistert wieselflink umher, balanciert über vollgestellte Regale und kippt Papierkörbe aus – alles begleitet von lautem Dauermiauen? Nach Ihren Ordnungsrufen ist kurzzeitig Ruhe, aber schon bald geht es wieder los. Schlaues Kätzchen! Es hat einen Weg gefunden, wie es sich Ihre Aufmerksamkeit sichert. Bleiben Sie gelassen und ignorieren Sie die kleine Nervensäge, sie richtet ja nichts Schlimmes an! Unterstützen Sie Kätzchens »Kreativität«, indem Sie besonderes Spielzeug anbieten: Küchen- oder Toilettenpapier zum Abrollen oder einen Karton mit Raschelpapier zum Abtauchen. Loben Sie Ihr Tigerchen sehr, wenn es sich still amüsiert. Auf Dauer wird es sich für das »erfolgreichere« Verhalten entscheiden.

> TIPP
>
> ### Der richtige Tierpsychologe
>
> Tierpsychologen oder Tierverhaltenstherapeuten können bei bestimmten Problemen sehr hilfreich sein, vorausgesetzt, sie sind gut ausgebildet. Dafür spricht die Mitgliedschaft in einem seriösen Verband – z. B. im VdH (Verband der Haustierpsychologen) oder im VdTT (Verband der Tierpsychologen und Tiertrainer).

... plötzlich ist alles anders

Es geht uns ja selbst so: Veränderungen verunsichern, vor allem, wenn sie plötzlich kommen. Ein Kätzchen hat an unvermittelten Umbrüchen allerdings noch viel mehr zu knabbern als wir. Es sei denn, wir helfen dem Samtpfötchen.

IHR KÄTZCHEN HAT schon eine ganze Reihe von Veränderungen verkraftet: Sein neues Zuhause hat es als Revier in Besitz genommen, die neuen Mitbewohner als Artgenossen akzeptiert, sich an den neuen Tagesablauf angepasst. Sein Bedarf an Veränderungen ist damit gedeckt – fortan sollte alles am besten wie immer sein. Wir Zweibeiner tun gut daran, Rücksicht darauf zu nehmen, denn Beständigkeit schafft Sicherheit und Vertrauen.

Wohin im Urlaub?

Was aber wird bloß aus den »schönsten Wochen des Jahres«? Wenn Ihr Katzenkind noch kein halbes Jahr alt und erst seit ein paar Wochen bei Ihnen ist, sollten Sie wirklich überlegen, ob Sie Ihren Urlaub diesmal nicht besser zu Hause verbringen – für Kurzweil ist dank Kätzchen ja bestens gesorgt. Wenige Monate später verkraftet der kleine Tiger es bereits besser, seine »Superkatze« für zwei oder drei Wochen zu entbehren.
Bloß nicht mitnehmen: Ein Katzenkind mit auf die Reise zu nehmen ist keine gute Idee: zu viel Umgewöhnungsstress in zu kurzer Zeit. Auch als »junger Erwachsener« wird sich Ihr Kätzchen kaum zum begeisterten Mitreisenden mausern – es sei denn, Sie verbringen Ihren Urlaub im eigenen Ferienhaus.

Kätzchen bleibt an Ort und Stelle

Am besten ist Ihr Kätzchen während Ihrer Abwesenheit daheim aufgehoben.
Pflegeperson zu Hause: Könnte ein dem Tier bereits bekannter Betreuer aus Ihrem Freundes- oder Verwandtenkreis für die Zeit nicht bei Ihnen einziehen? Während Sie im Urlaub sind, würde dann (fast) alles weiterlaufen wie bisher.
Ambulante Betreuung: Im reiferen Alter von zehn bis zwölf Monaten kann Samtpfötchen daheim auch ambulant betreut werden: Ein vertrauter Mensch kommt zwei- bis dreimal am Tag zum Füttern, reinigt das Katzenklo und bringt Zeit zum Spielen und Schmusen mit. Falls gute Nachbarn, Freunde oder Verwandte diesen Dienst nicht übernehmen können, müssten Sie sich nach einem Catsitter umschauen. Vielleicht hat Ihr Tierarzt einen Tipp, oder der örtliche Tierschutzverein kann weiterhelfen. Im Internet finden Sie zudem kostenlose und überregionale »Tiersitterbörsen«, in denen Tierfreunde ihre Dienste (oft auf Gegenseitigkeit) anbieten. Die Börsenbetreiber können allerdings ihre Inserenten nicht überprüfen. Wenn Sie jemanden in der Nähe gefunden haben, vereinbaren Sie also am besten erst einmal ein Treffen auf neutralem Boden und lernen sich unverbindlich kennen. Catsitting ist schließlich absolute Vertrauenssache.

Eifersucht aufs Baby wird nicht zum Problem, wenn
das Kätzchen genügend Aufmerksamkeit bekommt.

Tapetenwechsel leicht gemacht

Bei Bekannten: Falls die Katze nicht zu
Hause bleiben kann, bedeutet das auch
für das Tier Tapetenwechsel. Während
Ihres Urlaubs kommt es zu katzenfreund-
lichen Verwandten oder Freunden. Geben Sie dem Tierchen Spielzeug, Kissen,
Decken und möglichst auch einen Kratzpfosten von daheim mit, denn vertraute
Gerüche dämpfen Heimweh. Vielleicht
überlassen Sie ihm auch ein getragenes
T-Shirt oder einen alten Pulli.
In der Tierpension: Solange Kätzchens
Immunsystem noch nicht ausgereift
ist – das ist erst mit eineinhalb Jahren
der Fall –, sollte es nicht in einer Katzen-
pension untergebracht werden. Selbst
in sehr gut geführten Einrichtungen, die
nur geimpfte und entwurmte Tiere aufnehmen, sind Infektionen nicht auszuschließen. Ein verschnupftes Kätzchen
aber trübt den Spaß am eigenen Urlaub.

Ein Umzug steht an

Da hat die kleine Samtpfote sich gerade
so schön eingelebt – und nun ist plötzlich ein Umzug nötig. Stress pur! Und
ganz große Verunsicherung auf Seiten
Ihres Kätzchens. Schauen Sie trotzdem
zuversichtlich nach vorn und überlegen
Sie, wie Sie Ihrem Katzenkind am besten
unnötige Aufregungen ersparen können.
Eine ruhige Vorbereitung ist die halbe
Miete. Besorgen Sie sich den Grundriss
Ihrer neuen Wohnung und spielen Sie
durch, was wohin kommt und was Sie
ähnlich arrangieren können wie im
alten Heim. Auf diese Weise würden Sie
Ihrem Samtpfötchen die Umgewöhnung
schon ein ganzes Stück erleichtern.

Ein Baby hat sich angemeldet

Geplant hatten wir es nicht, aber jetzt ist die Freude groß: Wir bekommen ein Baby! Ich fürchte nur, dass unser acht Monate altes Kätzchen eifersüchtig sein wird, denn bisher war es der verwöhnte Mittelpunkt. Soll ich auf den Rat meiner Mutter hören und Frodo weggeben? Toxoplasmose-Gefahr besteht übrigens nicht, das habe ich bereits testen lassen.

WIE SCHÖN, DASS ES KEINE GEFAHR durch Toxoplasmose gibt (→ Seite 85/86). Meines Erachtens besteht kein Grund, sich von Frodo zu trennen. Wenn Sie ihn richtig auf die kommenden Ereignisse vorbereiten, wird Eifersucht sicher nicht zum Problem werden. Natürlich ist die Situation für Ihr Katerchen nicht einfach. Da steht eine sehr große Veränderung an, und schon das gehört zu den Dingen, die Katzen nicht eben lieben. Außerdem ist sein Status als »Kind im Haus« bedroht. Das spürt er, und das sorgt für zusätzliche Verunsicherung.

Sanfte Vorbereitung

Gewöhnen Sie den kleinen Kater ganz behutsam an die kommenden Veränderungen. Babygeschrei wird ihn nicht mehr erschrecken, wenn Sie ihm schon lange vor der Geburt entsprechende Tonbänder vorspielen. Vielleicht koppeln Sie die Hörlektionen mit einem Leckerchen, um eine positive Verknüpfung zu bewirken. Anstatt zum Tonband zu greifen, könnten Sie auch eine Freundin mit Baby einladen, damit Frodo den Baby-Sound »live« erlebt.

Auch wenn es schwer fällt: Sie müssten als weitere Vorbereitung die Spiel- und Schmusestunden ein wenig reduzieren und Frodo daran gewöhnen, dass der Platz auf Ihrem Schoß ihm nicht mehr unbegrenzt zur Verfügung steht. Tun Sie das, bevor das Baby da ist und Sie ohnehin keine Hand für Ihren Kater frei haben – so kann sich Frodo langsam mit der veränderten Situation arrangieren. Schenken Sie Ihrem Kater trotzdem nach wie vor die gebührende Aufmerksamkeit und lassen Sie ihn an den Vorbereitungen auf den Nachwuchs teilnehmen. Richten Sie beispielsweise das Kinderzimmer schon lange vor der Geburt ein und machen Sie gemeinsame Inspektionsgänge. Natürlich darf Ihr Katerchen das Reich des Babys ausgiebig kennenlernen. Das Kinderbett allerdings sollten Sie zur Tabuzone erklären.

Wenn das Baby da ist

Sperren Sie Frodo nicht aus, wenn das Baby schließlich da ist. Selbstverständlich darf er das neue Familienmitglied beschnuppern, und er darf auch dabei sein, wenn Sie es wickeln und stillen. Sprechen Sie dann nicht nur liebevoll mit dem neuen Erdenbürger, sondern auch mit Ihrem Kater. Wenn Sie buchstäblich alle Hände voll zu tun haben, wird er auch Ihre verbalen Streicheleinheiten akzeptieren. Und merken, dass er keinen Grund zur Eifersucht hat. Miteinander allein lassen sollten Sie Ihr Baby und das Kätzchen trotzdem nicht.

Räumen Sie am »Tag X« das kleinste Zimmer oder das Bad leer. Stellen Sie den ausgepolsterten Transportkorb hinein, die Katzentoilette, den Wassernapf und etwas Trockenfutter, vielleicht auch ein paar Spielsachen. Bevor die Möbelpacker kommen und es richtig turbulent wird, schließen Sie das Kätzchen in dem Raum ein, bis Sie mit ihm (im Transportkorb) aufbrechen. Im neuen Heim wird es mit seinen Utensilien ebenfalls erst einmal in einem ruhigen Zimmer untergebracht. Ist der Trubel vorbei und stehen die Möbel halbwegs richtig, darf das Samtpfötchen seinen Schutzraum verlassen und alles in Ruhe inspizieren. Verständlich, dass es in den nächsten Tagen und Wochen sehr viel Zuwendung und verlässliche Routine braucht.

Turbulenzen in Ihrem Privatleben

Hängt in der Familie oder Partnerschaft der Haussegen schief, ist das für unsere Samtpfoten nur schwer zu ertragen – sie sehen (oft mit Recht) die Stabilität ihrer Verhältnisse bedroht. Wenn Sie »dicke Luft« oder unterschwellige Spannungen so bald wie möglich klären, tun Sie also nicht nur sich selbst und dem Partner, sondern auch dem kleinen Vierbeiner etwas Gutes.

Trennungen vom Partner

Manchmal allerdings hilft auch der beste Wille nichts, und es kommt zur Trennung. Eine schwierige Situation für Sie – und für Ihr Kätzchen ebenfalls.

 2 Ortswechsel Ein Umzug gehört definitiv zu den größten Krisen im Katzenleben, weil auf einmal die ganze vertraute Welt durcheinandergerät. Mit etwas Umsicht lässt sich aber sehr viel Katzenstress von vorneherein vermeiden.

1 Urlaub »Immer wenn mein Mensch Sachen in den Koffer packt, bleibt er ewig lang weg. Am besten räume ich alles wieder aus.« Katzen können der menschlichen Lust am Reisen nichts abgewinnen.

»Mensch, spiel mit mir! Dann sind ▶
viele Probleme nur halb so schlimm.«

Zumindest dann, wenn es eine Bindung an den Expartner aufgebaut hatte. Es kann dann geradezu in Trauer verfallen und zeigt das durch verstörtes und störendes Verhalten an (→ Seite 128/129). Schenken Sie dem Samtpfötchen viel Zuwendung, spielen Sie mit ihm und gönnen Sie sich Kuschelstunden mit dem Minitiger – das tröstet auch Sie.

Ein neuer Partner

Wenn Sie sich neu verlieben, ist damit noch lange nicht gesagt, dass es dem Kätzchen mit Ihrem neuen Partner ebenso geht. Es wird ihn möglicherweise sogar als Eindringling im Revier ansehen, der seine Rechte bedroht. Ein Partner, der Sie liebt, akzeptiert jedoch die Samtpfote als Familienmitglied und baut eine gute Beziehungen zu ihr auf. Klären Sie ihn also über Kätzchens Vorlieben und Vorrechte auf, sodass Missverständnisse (Lieblingssessel besetzen, plötzliches Bettverbot verhängen usw.) ausgeschlossen sind. Der »Neue« darf und soll um die Zuneigung des kleinen Hausgenossen ruhig werben, sollte ihn aber nicht bedrängen. Irgendwann kommt der Vierbeiner von sich aus auf ihn zu – und verdient sich damit Lob und Belohnung. Sollten Kätzchens Vorbehalte trotz aller sensiblen Bemühungen nicht verschwinden, hilft es, wenn der Partner für einige Zeit sämtliche Katzendienste übernimmt. Das bedeutet also: füttern, spielen, Katzentoilette säubern, Streicheleinheiten verteilen und Leckerbissen ausgeben – Liebe geht bekanntlich durch den Magen.

Ein zweites Kätzchen soll ins Haus

Anfangs hatten Sie noch Bedenken gegen das Doppelpack, doch inzwischen ist Ihnen klar: Ein zweites Kätzchen wäre für Ihre kleine Samtpfote wunderbar. Denn egal, was Sie ihr auch bieten, den »Sportsfreund«, der mit ihr Wettrennen und Ringkämpfe bestreitet, können Sie nicht ersetzen. Und in der Wohnung haben doch zwei definitiv mehr Spaß ...

Der beste Zeitpunkt: Warten Sie nicht zu lange – am leichtesten gewöhnen sich Katzenkinder aneinander, und »Kinder« sind sie etwa bis zum siebten Lebensmonat. In diesem Alter sehen sie im anderen Kätzchen eher den Spielgefährten als den Rivalen. Schon nach kurzer Eingewöhnung können Sie beide zusammenführen. Es schadet nichts, wenn das neue Kätzchen deutlich jünger ist als der Revierboss – der nimmt den Familienzuwachs dann meist großzügig unter seine Fittiche. Der Neuzugang seinerseits wird den älteren Spielkameraden als Lehrmeister ansehen und sich von ihm einiges abschauen. Wie gut, dass Sie ihn schon vorbildlich erzogen haben.

TIPP

Eifersucht lindern

Kätzchen neigt zur Eifersucht – auf das Baby, den Partner, ein neues Heimtier? Dann kümmern Sie sich besonders liebevoll um das Samtpfötchen, wenn die »Auslöser« in der Nähe sind. Ansonsten ignorieren Sie es vorübergehend. Bald verknüpft Kätzchen: »Immer wenn der Neue da ist, geht's mir besonders gut.«

Tiersitter-Pass

Sie möchten in Urlaub fahren, und ein Tiersitter kümmert sich um Ihren Liebling? Hier können Sie alles aufschreiben, was Ihre Urlaubsvertretung wissen sollte. So ist Ihre Samtpfote in der Zeit, in der Sie nicht da sind, bestens versorgt, und Sie können Ihren Urlaub in vollen Zügen genießen!

Mein Kätzchen heißt:

So sieht es aus:

Das schmeckt ihm:

pro Fütterung in dieser Menge:

gewohnte Fütterungszeiten:

begehrte Leckerbissen für zwischendurch:

Das Futter wird hier aufbewahrt:

So wird der Futternapf gesäubert:

Das trinkt mein Kätzchen:

Da steht die Katzentoilette:

So wird sie gereinigt:

Neue Einstreu ist hier zu finden:

So ist verschmutzte Einstreu zu entsorgen:

Wo mein Kätzchen am liebsten gekrault wird:

Das mag mein Kätzchen gar nicht:

Seine Lieblingsspiele:

Das darf mein Kätzchen nicht:

Das ist außerdem wichtig:

Das ist sein Tierarzt:

Hier bin ich zu erreichen:

REGISTER

Die **halbfett** gesetzten Seitenzahlen verweisen auf Abbildungen.

Die Inhalte dieses Buches beziehen sich auf die Bestimmungen des deutschen Tier- bzw. Artenschutzes. In anderen Ländern können die Angaben abweichend sein. Erkundigen Sie sich daher im Zweifelsfall bei Ihrem Zoofachhändler oder der entsprechenden Behörde.

VERBÄNDE/ VEREINE

1. Deutscher Edelkatzenzüchterverband e. V. (1. DEKZV e.V.)
Berliner Str. 13
35614 Asslar
www.dekzv.de

Deutsche Edelkatze e. V.
Geisbergstr. 2
45139 Essen
www.deutsche-edelkatze.de

Deutsche Rassekatzen-Union e.V. (D.R.U.)
Geschäftsstelle:
Hauptstr. 56
56814 Landkern
www.dru.de

Deutscher Tierschutzbund e. V.
Baumschulallee 15
53115 Bonn
www.tierschutzbund.de

World Cat Federation (WCF)
Geisbergstr. 2
45139 Essen
www.wcf-online.de

Fédération Féline Helvétique (FFH)
Alfred Wittich (Präsident)
Büntacher 22
CH-5626 Hermetschwil
www.ffh.ch

Fédération Internationale Féline (FIFe)
17 Rue du Verger
L-2665 Luxembourg
www.fifeweb.org (engl.)

Österreichischer Verband für die Zucht und Haltung von Edelkatzen (ÖVEK)
Liechtensteinstr. 126
A-1090 Wien
www.oevek.org

Fragen zur Haltung

beantworten Ihr Zoofachhändler und der Zentralverband Zoologischer Fachbetriebe Deutschlands e.V. (ZZF), Tel.: 0611/44 75 53 32 (nur telefonische Auskunft möglich: Mo 12–16 Uhr, Do 8–12 Uhr), www.zzf.de

Registrierung von Katzen

Deutsches Haustierregister
Deutscher Tierschutzbund e. V.
Baumschulallee 15
53115 Bonn
www.registrier-dein-tier.de

Internationale Zentrale Tierregistrierung (IFTA)
Nördliche Ringstr. 10
91126 Schwabach
Tel. 00800/43 82 00 00
(kostenlos)
www.tierregistrierung.de

TASSO e.V.
Abt. Haustierzentralregister
65784 Hattersheim
Tel.: 06190/93 73 00
www.tasso.net
E-Mail: info@tasso.net

Gesundheit

BPT-Bundesverband praktizierender Tierärzte e.V.
www.smile-tierliebe.de
(Über das Online-Tierärzteverzeichnis des BPT finden Sie Tierärzte in Ihrer Nähe.)

Gesellschaft für ganzheitliche Tiermedizin e.V. (GGTM)
www.ggtm.de
E-Mail: info@ggtm.de
(Hier erhalten Sie Adressen von Tierarztpraxen, die mit Naturheilverfahren arbeiten.)

Urlaubsservice

Urlaubs-Beratungsservice des Deutschen Tierschutzbundes
Tel.: 0228/604 96 27
(Mo-Do 10-18 Uhr, Fr 10-16 Uhr)

Verband Deutscher Haushüter-Agenturen e. V.
Betreuung von Haus- und Heimtieren
Feldkamp 4
48165 Münster
www.haushueter.org

Kaschas & Berts Tiersitterbörse
Lüderitzstr. 15
13351 Berlin
www.tiersitterboerse.de
(bietet Informationen zur Urlaubsbetreuung)

Bundestierärztekammer e. V.
Oxfordstr. 10
53111 Bonn
www.bundestieraerztekammer.de
(beantwortet Fragen zum EU-Heimtierpass und zu Auslandsreisen mit Tieren)

BÜCHER, DIE WEITERHELFEN

Eilert-Overbeck, B.: *Unser Kätzchen.* Gräfe und Unzer Verlag, München
Eilert-Overbeck, B.: *Katzen.* Gräfe und Unzer Verlag, München
Hofmann, H.: *Katzensprache.* Gräfe und Unzer Verlag, München
Leyhausen, P.: *Katzenseele.* Franckh-Kosmos Verlag, Stuttgart
Ludwig, G.: *Das große GU Praxishandbuch Katzen.* Gräfe und Unzer Verlag, München

ZEITSCHRIFTEN

die edelkatze. Verbandszeitschrift des DEKZV
www.dekzv.de

katzen. Verbandszeitschrift der D.R.U.
www.dru.de

Katzen extra. Gong Verlag, Ismaning
www.katzen-extra.de

Geliebte Katze. Gong Verlag, Ismaning
www.geliebte-katze.de

Our Cats. Das Katzen-Magazin. Minverva-Verlag GmbH, Mönchengladbach
www.our-cats.de

Pfotenhieb. Das unabhängige Katzen-Magazin.
www.pfotenhieb.de
(erscheint nur online zum Download)

KATZEN IM INTERNET

Internetforen:
www.katzen.de
www.miau.de
www.mietzmietz.de
www.netz-katzen.de

Alles rund um die Katzenhaltung finden Sie bei:
www.schmusekatzen.de
www.welt-der-katzen.de
www.katze-und-du.at

Informationen über giftige Pflanzen erhalten Sie unter:
www.botanikus.de
www.giftpflanzen.ch

WICHTIGE HINWEISE

Schutzimpfungen und Entwurmungen sind notwendig, um die Gesundheit von Mensch und Tier nicht zu gefährden.
Allergiker machen vor der Anschaffung eines Kätzchens am besten einen Prick-Test auf Katzenhaare.
Informieren Sie in einem Notfall sofort den Tierarzt und richten Sie sich nach seinen Anweisungen. Verzögern Sie nicht durch eigene Maßnahmen die tierärztliche Versorgung!
Schäden, die Ihr Kätzchen verursacht, trägt die private Haftpflichtversicherung.

DANK

Fotograf und Verlag danken der Firma Keramikwerkstatt IM HOF, Klinkhardt-Joerges, 97616 Salz, für den Katzenbrunnen von Seite 70 und der Firma TRIXIE Heimtierbedarf, 24963 Tarp, für die Transporttasche von Seite 111.

Fotograf und Verlag bedanken sich bei allen Tierhaltern, die ihre Katzen für die Fotoaufnahmen zur Verfügung gestellt haben.

Die werden Sie auch lieben.

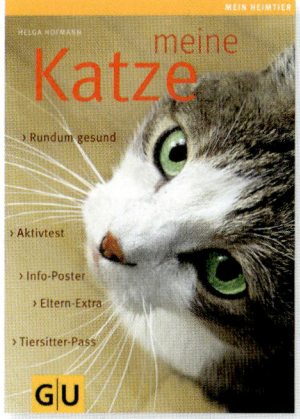

Der Fotograf

Oliver Giel hat sich auf Natur- und Tierfotografie spezialisiert und betreut mit seiner Lebensgefährtin Eva Scherer Bildproduktionen für Bücher, Zeitschriften, Kalender und Werbung. Mehr über sein Fotostudio finden Sie unter www.tierfotograf.com.

Bildnachweis

Die Fotos in diesem Buch stammen von Oliver Giel, mit Ausnahme von:
Animals-Digital: 123;
Arco Images: 11-1;
Cogis: 27-1;
Juniors: 12, 21, 24-1, 24-2, 24-3, 25-3, 26-2, 26-3, 27-2, 28-2, 34, 49;
Okapia: 9;
Premium Stock: 10;
Jürgen Römer: Autorenfoto;
Schanz-fotodesign.de: 27-3, 28-1, 28-3, 29-2;
Heinz Schmidbauer: 11-2;
Monika Wegler: U3-1, U3-3, U4-1, U4-2, U4-3, U4-4, 5-2, 6, 7, 15, 16, 29-1, 29-3, 30, 31, 32, 39, 48, 51, 60, 62, 80-2, 85, 120, Poster;
Jana Weichelt: U1, U3-2, 2-2, 13-1, 13-2, 13-3, 38, 57, 103, 108, U8.

Syndication:

www.jalag-syndication.de

Projektleitung: Cornelia Nunn
Lektorat: Gerdi Killer, bookwise GmbH, München
Korrektorat: Jutta Weikmann
Bildredaktion: Waltraud Flöter, Petra Ender (Cover)
Umschlaggestaltung: independent Medien-Design, Horst Moser, München
Innenlayout: independent Medien-Design, Horst Moser, München
Satz: Christopher Hammond, München
Herstellung: Susanne Mühldorfer
Repro: Longo AG, Bozen
Druck und Bindung: Druckhaus Kaufmann, Lahr

ISBN 978-3-8338-1937-7

2. Auflage 2012

GRÄFE
UND
UNZER

Ein Unternehmen der
GANSKE VERLAGSGRUPPE